스케일이
전복된
세계

무한 확장되고 복잡해지는 21세기 문제들의 공통점

스케일이 전복된 세계

제이머 헌트
홍경탁 옮김

NOT TO SCALE

어크로스

차례

2부
스케일 전략

일러두기

1. 저자의 원주는 번호를 달아 미주로 처리했으며 각주는 모두 옮긴이의 것이다.
2. 인명과 기관명 등의 고유명사는 외래어 표기법을 따르되 국내에 이미 널리 사용되는 표현이 있는 경우 그에 따랐다.(예: 도넬라 메도즈, H. G. 웰즈)
3. scale은 규모, 크기, 축척, 비율, 음계 등 다양한 어휘로 번역될 수 있으나, 일정 상태의 증감을 모두 포괄하는 본 도서에서의 사용에 맞추어 '스케일'로 통일하였으며 이해를 돕기 위해 필요한 부분에서 번역어를 병기하였다.

1기가바이트의 무게는 얼마나 될까

기포관 수준기*와 온도계, 그리고 나침반과 자명종. 과거에는 공장에서 만들어 공구 상자에 보관하거나 침대 옆 협탁에 올려놨던 것들이다. 하지만 이제는 스마트폰에서 엄지손가락으로 밀고 두드리면 볼 수 있는 공짜 '유틸리티' 애플리케이션이 되었다. 어린 시절 우리는 코르크 조각과 바늘, 자석 등으로 나침반을, 막대기와 돌을 가지고 해시계를 만들었다. 이에 비하면 초소형 회로와 전자, 코드 몇 줄, 반짝거리는 픽셀로 만들어진 스마트폰의 나침반과 시계는, 차라리 작은 요정들이 마법의 가루로 만들었다고 해도 좋을 것이다. 이러한 도구들이 스마트폰 내부로 사라진 것은 마법이나 다름없는 변화이다. 대부분의 사람은 감히 스마트폰 나침반을 손볼 엄두도 내

* 기포를 이용해 지면의 기울기를 측정하는 기구.

지 못할 것이다. 나침반이 어디에 있는지는커녕, 내가 찾고 있는 것이 무엇인지도 알기 어렵다.

이 기구들(수준기, 온도계, 나침반, 시계)은 스케일을 가늠하는 데 각자 중요한 역할을 한다. 이것들은 비가시적인 힘(위치, 기온, 방향, 시간)을 우리가 인지할 수 있는 형식으로 체계화한다. 혼돈에서 질서가 탄생하듯, 감각에서 수치가 탄생한 것이다. 기포관 수준기 혹은 알코올 수준기는 표면을 측정해 우주에서의 우리 위치를 잡아준다. 수준기의 물리학적 작동 원리는 설명하지 않아도 될 만큼 자명하다. 유색 에탄올이 든 유리관의 수평 정도에 따라 기포가 왼쪽이나 오른쪽, 혹은 위아래로 치우친다. 기포가 기구에 각인된 눈금scale 사이에 놓이면 수평 상태다. 온도계 역시 직관적이다. 밀폐된 작은 유리관에 소량의 수은이 들어 있고, 기온에 민감한 수은이 기온에 따라 팽창하거나 수축한다. 수직 유리관 속에서 기온이 올라가면 수은은 위로 올라가고 기온이 내려가면 수은도 아래로 떨어지게 된다. 정량적인 정확도를 더하기 위해 표시한 눈금은 가벼운 스웨터 차림이 좋을지 두툼한 코트를 걸쳐야 할지 결정하는 데 도움이 된다. 우리는 수준기, 온도계, 나침반, 자명종 모두 각각 기반을 둔 역학을 입증했음을 일상적으로 재확인한다. 우리는 각각의 작동 원리를 이해할 수 있다. 이것들은 통제할 수 없을 것 같은 힘과 상호작용하여 그 힘을 인지 가능한 상태로 만들었다.

엔지니어와 디자이너는 이러한 도구를 기능으로 변환하여 스마

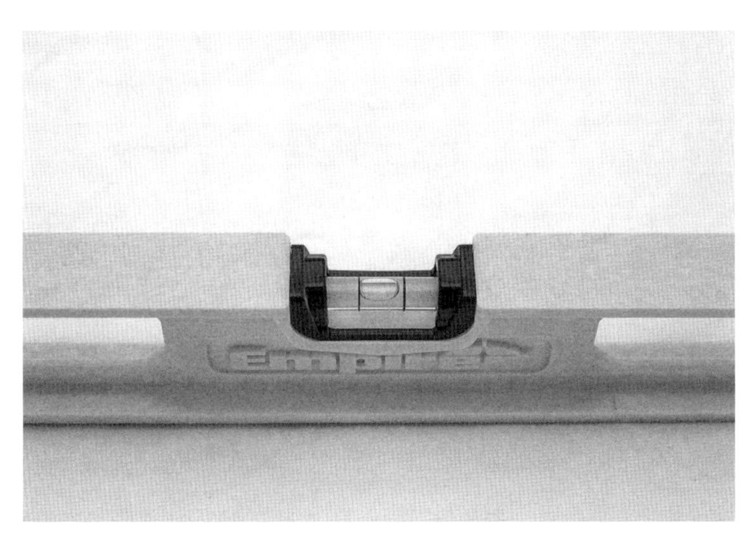

그림 1 전통적인 기포관 수준기. 수준기, 온도계, 나침반, 시계 등의 기구들은 비가시적인 힘을 우리가 인지할 수 있게 해준다.

트폰 깊숙이 내장함으로써 휴대폰을 스위스 군용 칼처럼 다기능의 강력한 물건으로 바꾸어놓았다. 2019년 기준으로 애플의 앱스토어에는 200만 개가 넘는 앱이 있다. 이는 스마트폰이 제공할 수 있는 200만 가지 기능이라 할 수 있다. 인지 가능하고 물리적인 특성을 미세하고 빛나는 픽셀로 바꾸는 비물질화dematerialization는 지난 반 세기 동안 우리의 경제와 생활을 바꾸었을 뿐 아니라 우리가 지각하는 세계를 재창조했다. 그리고 길가나 동네 상점의 가판대 신문이나 잡지에서 사람들에게 서비스를 제공하던 여행사 직원이나 교통 리포터 같은 사람들, 그리고 친구마저도 이제 스마트폰의 앱에 복잡한 알고리즘의 형태로 존재할 가능성이 커졌다. 내구재와 실제 인간을

그림 2 디지털 수준기. 도구들이 핸드폰 속 '기능'으로 변환되며 우리의 삶은 어떻게 바뀌었을까.

기반으로 한 지리적으로 제한적인 경제에서 벗어나 정보, 서비스, 소프트웨어, 인공지능이 불 지핀 국제적인 네트워크 경제로 이동하면서, 기존 세상의 스케일과 단절이 일어나고 있다.

우리는 지나치게 많은 시간을 디지털화된 환경에 눈과 귀를 빼앗긴 채 일하고, 보고, 놀고, 쉬는 데 쓰고 있다. 하지만 그러한 디지털 환경의 물리적인 특성은 인간의 감각과는 사실상 무관하다. 만일 스케일이 우리가 처한 환경 안에서 우리를 적응할 수 있게 해주는 수단이라면, 그 환경이 어떻게 작동하는지 만지지 못하고, 냄새 맡지 못하고, 맛을 보거나, 볼 수 없다면 우리에게 무슨 일이 벌어질까?

이 책은 현재의 문화를 들여다보는 엑스레이이다. 우리는 스케일의 미묘한 변화가 곳곳에 왜곡을 초래할 수 있다는 사실을 보여주기 위해 디자인과 기술, 문화를 기반으로 과학과 정치, 사진, 인류학, 시스템 사고, 비즈니스 혁신 사이를 종횡무진할 것이다. 스케일은 단순히 우리 주변에 있는 것들의 크기를 측정하는 방법이 아니다. 스케일은 어마어마한 개념체계이다. 스케일을 만든 것은 인간이지만, 스케일 역시 인간을 만든다. 하지만 여기에 주목하는 사람은 별로 없다. 스케일을 통하여 사고하고 행동하는 것은, 좀처럼 보기 힘든 복잡성에도 불구하고, 역동적으로 변화하는 세상에서 성공하기 위한 최고의 전략일 수 있다.

스케일이란 무엇인가

스케일보다 자명한 것도 거의 없지만, 이처럼 볼수록 헷갈리는 개념도 흔치 않다. 우리는 '스케일'이라고 하면 보통 얼마나 크고 작은지 평가하는 방법이라는 가장 단순한 의미를 떠올린다. 케임브리지 영어사전은 "사물을 측정하거나 비교하는 어떤 체계로 사용되는 숫자의 범위"로 스케일을 정의한다. 많은 사람에게 스케일은 정보를 체계화하고 사실을 수집하는 하나의 도구일 뿐이다. 음악가에게 스케일(음계)은 음의 층계다. 도시계획가는 스케일(축척)을 지리학적 하부 단위를 식별하는 데 사용한다. 기업에서는 스케일(규모)

을 생산성이나 판매 실적을 측정하기 위한 도구로 이해한다. 스케일은 그 개념의 유연성으로 인해 물리적인 성질(길이, 질량, 온도)을 측정할 때도 효과적으로 작용하는 만큼이나 정확하게 측정하기 어려운 것(두통이나 사랑에 빠진 정도)을 측정하는 데에도 효과적으로 작용한다.

스케일을 통하여 우리는 보이지 않는 것을 파악할 수 있다. 달력과 시계는 월, 시, 분, 초를 사용하여, 연속되는 천문학적 혹은 생물학적 주기 속에서 우리의 위치를 말해준다. 지도와 나침반은 우리를 둘러싼 세계에서 우리가 어디에 위치하는지를 알려준다. 스케일을 측정하는 이러한 장치들은 우리의 지각에 각인되어 이제 우리는 마치 선형적인 시간과 달력 날짜, 기본 방위 등이 물리적인 세상의 자연스러운 일부라고 생각한다. 실제로 스케일은 우리의 경험을 더 잘 이해하기 위해 우리가 마주치는 것들 위에 쌓아놓은 인간의 구조물일 뿐이다.

스케일이 변하고 있다

최근 내 노트북의 하드디스크를 조사해보니 180만 개가 넘는 파일이 보관되어 있었다. 나는 대체 이 파일들이 무엇이고 왜 여기에 쌓여 있는지 알지 못한다. 내가 기가바이트의 의미를 알게 된 것이 불과 2~3년 전인데, 현재 내 하드디스크는 1테라바이트를 향해 돌진 중이다. 내 노트북에는 가족사진과 홈 비디오, 주택담보대출신청서, 여권신청서, 음악, 책 원고, 비밀번호, 전자책, 건강검진 결과, 응용프로그램과 운영체제 등 수만 개의 파일이 저장되어 있다. 그 외에 또 무엇이 있는지 누가 알겠는가? 파일은 계속해서 늘어난다.

하지만 좋은 점도 있다. 지난 20년 동안 내 작업의 결과물들이 자리를 차지하거나 지하실에서 먼지에 덮이는 일이 없어졌다는 것이다. 물리적인 물체가 1과 0으로 비물질화되면서, 줄지어 늘어선 파일 아이콘들이 다 낡아빠진 종이상자를 대신했다. 이제 손가락만 까딱하면 이 파일들을 언제든 사용할 수 있다. 내가 하는 일은 더 이상 원자와 분자의 다양한 배열이 아니라 전자와 코드를 기반으로 한다. 그리고 이 모든 것이 종이봉투에 들어갈 만큼 얇은 기계 안에 들어가게 된다. 놀라우면서도 역설적인 사실은 이러한 데이터 생활의 결과, 데이터는 주체할 수 없이 늘어나는데도 내 노트북의 크기는 줄어들고 있다는 것이다. 새 노트북으로 바꿀 때마다 저장공간은 더 늘어나지만 노트북의 크기는 작아진다. 크기와 스케일은 우리가 사물을 경험하는 방식과는 점점 무관해진다.

이러한 변화는 단순한 기술적 혁신 이상이다. 이러한 변화는 예상치 못한 존재론적 질문을 불러일으킨다. 이를테면, 내 일 전체와 대부분의 개인적 역사가 내가 더 이상 눈으로 보거나 손에 쥘 수 있는 형태로 존재하지 않는다. 나는 그것을 만질 수도 볼 수도 없다는 사실에 불안을 떨칠 수가 없다. 내 디지털 인생이 일순간 한 방의 충격에 날아가버릴 수도 있는 것이다. 그 모든 것을 잃는다면 내 정체성에는 어떤 영향을 미치게 될까? 얼마 전까지만 해도 대부분의 사람들은 일과 사생활을 구성하는 것들의 크기를 쉽게 가늠할 수 있었다. 눈대중으로 서류함의 크기를 가늠해보거나, 손으로 들어 올려 무게를 추측하거나, 오래된 서류 더미에서 나는 퀴퀴한 냄새에서 세월을 짐작했다. 오늘날에는 내 정체성을 구성하는 중요한 부분들이 내가 지각적으로 접근하지 못하는 디지털 세상을 떠돈다. 이러한 회로들과 전자들은 낯선 방식으로 우리의 정체성을 형성했고 일상적인 경험의 일부가 되었다. 1기가바이트의 무게란 과연 얼마인가?

이메일처럼 간단해 보이는 현대의 디지털 프로세스(메시지를 타이핑하고 전송 버튼을 누르면 쏜살같이 목적지의 우편함으로 날아간다)는 사실 상식적으로 이해할 수 없는 논리를 따른다. 한 통의 이메일을 목적지까지 보내는 패킷 교환 프로토콜(잘게 쪼개진 이메일이 다수의 인터넷 서버에 뿌려지면 전 세계 여기저기를 거친 다음 목적지에서 꿰어 맞춰진다)은 비교적 이해하기 쉬운 통신 서비스조차 대부분의 평범한 인간의 상상력을 능가한다는 사실을 보여주는 무수히 많은 사례 중 하나일 뿐이다. 비둘기 다리에 서신을 묶어 보내는 것과는 크게 다른 것이다.

최근 〈크로니클 리뷰〉의 한 헤드라인은 도발적으로 물었다. "이메일이 교수들을 바보로 만들고 있나?"[1] 상업적 이메일 서비스가 출범한 지 30년이 지난 지금, 우리는 이 디지털 변환이 초래한 결과를 두고 고심하고 있다. 영화의 시각적 스케일에서 텔레비전의 시각적 스케일로 변화함에 따라 스토리텔링과 연기가 바뀐 것처럼, 우표를 붙여서 보내는 편지에서 이메일로 진화하면서 우리가 소통하는 방법 또한 바뀌었다.

요즘 직장 생활을 하면서 하루에 100통이 넘는 이메일을 받는 것이 드문 일은 아니지만, 물리적인 편지였다면 이런 일은 절대 일어나지 않았을 것이다. 매체의 변화로 새로운 행태가 나타났기에(참조인을 지나치게 많이 추가하는 습관, 답장에 답장하며 계속해서 이어지는 이메일 스레드, 스팸), 이메일이 넘쳐나는 세상에서 실제로 이메일이 우리를 바보로 만드는 것은 아닌지 질문해봐야 한다. 스케일의 변화(무게가 없는, 겉보기에 공짜인 상태로의 변화)가 사회적 행동에 연쇄적인 변화를 일으키면서, 이메일이 우리의 집중력과 업무 능력을 해친다는 인식이 커지고 있다.

스케일의 독특함이 노트북이나 컴퓨터의 내부 작동에서만 나타난다면 기술적 특이점으로 치부할 수 있을 것이다. 하지만 내 노트북이 처한 문제는, 많은 사람이 경험하지만 이해하지 못하는 스케일의 구조적 변화로 나타나는 하나의 증상일 뿐이다. 우리는 노트북의 저장장치나 짜증 나는 이메일보다 훨씬 광범위하고 사회적으로 중요한 문제에서 이러한 혼란과 마주하고 있다.

스케일이 변하면서 문제는 복잡해진다

이 책은 예측할 수 없는 시스템 내부에서의 우리의 위치, 그 시스템을 재구성하는 힘, 시스템과 상호작용할 때 느껴지는 불확실성을 탐구한다. 우리는 사소한 개인의 행동이 어떻게 긍정적인 결과로 이어질 수 있는지 알고 싶어 하지만, 문제는 그러한 단순한 인과적 사고가 스케일 변화에 따라 계속해서 뒤바뀐다는 것이다. 인간은 스케일을 바꾸기 위해 노력한다. 우리는 뭔가를 더 크고, 빠르고, 강하고, 작고, 무겁게, 혹은 복잡하게 만든다. 하지만 우리는 스케일이 우리에게 영향을 미칠 수 있다는 것도 깨달아야 한다. 스케일은 대개 제멋대로 작용하며, 그 결과는 가늠하기 힘들다. 이와 같은 스케일로 인해 나타난 현상 때문에 계측기기가 무용해지고, 자의식이 흔들리고, 복잡한 문제를 해결하기 어려워질 수 있다.

"종이봉투 드릴까요? 비닐봉투 드릴까요?" 오늘날의 딜레마를 이보다 잘 표현하는 질문은 없을 것이다. 우리는 평상시에 집에 가서 저녁을 준비하려고 슈퍼마켓 계산대 앞에 서 있을 때 이 단순한 질문을 받는다. 그 질문은 우리를 멈칫하게 한다. 사소한 선택으로 예상치 못한 문제들과 얽히기 때문이다. 이처럼 악의 없이 내린 순간의 결정으로 더 많은 나무가 쓰러지거나, 탄소 격리*에 손실이 발생

* 식물이 광합성을 통해 이산화탄소를 흡수하는 것.

하거나, 자연 냉각과정에 문제가 생기는 것은 아닐까? 아니면 우리가 생각한 것보다 더 오랫동안 쓰레기 매립지에 (부패하지 않고) 남아 있을, 유해하고 재생 불가능한 화석연료 제품을 계속 생산하는데 일조하는 것은 아닐까?

질문이 꼬리에 꼬리를 물면서, 우리 행성의 운명은 위태로워 보인다. 이 문제는 조금 더 단순한 시대에서는 편리함과 취향의 문제일 수 있었을지 모르지만, 이제는 국제적 스케일의 까다로운 윤리적 딜레마로 진화했다. 나는 그 딜레마를 해결했다고 생각했다. 캔버스백을 가지고 다니기 시작한 것이다. 하하. 문제 해결! 하지만 시중에서 파는 재사용 가능한 쇼핑백이 유해한 납이 주성분인 염료와 더불어 에너지 집약적 공정을 통해 중국에서 만들어진다는 사실을 알게 되었다. 이러한 제조 방식은 생산 지역의 지하수만 오염시키는 것이 아니라, 유해물질이 가방에 담긴 음식물에 직접 스며들 수 있다.[2] 내 현명한 발상의 전환이란 고작 이 정도였다.

종이봉투를 쓸 것인가, 비닐봉투를 쓸 것인가? 소유하는 것이 좋을까, 대여하는 것이 좋을까? 지역 상점을 이용해야 할까, 온라인에서 구매를 해야 할까? 비행기 여행을 하는 것이 좋을까, 화상통화를 하는 것이 좋을까? 공익이 먼저인가, 사익이 먼저인가? 지속 가능한 것이 좋을까, 편리함이 우선일까? 빠르게 하는 게 좋을까, 천천히 하는 게 좋을까? 재활용을 해야 할까, 재사용을 해야 할까?

이러한 일상의 딜레마(사적인 삶의 작은 부분)가 사회, 환경, 기술

등의 미래를 위기에 빠뜨리는 데 대한 책임의 폭이 점점 넓어지고 있다는 사실을 고려하면, 그 중요성은 어마어마하게 커진다. 예상치 못한 스케일의 변화는 원인과 결과를 뒤흔들고 일이 어떻게 돌아가는지 이해하는 능력을 저하시켰다. 그러한 변화는 세상에 대한 우리의 생각(정신)과 지각(육체) 사이의 관계를 재배치했다. 우리가 과거에 전략과 도구, 지식, 주위 사람의 도움을 이용하여 해결할 수 있었던 과제들은 더 이상 같은 식으로 반응하지 않는다. 더군다나 실제 문제의 경계를 정하기가 점점 어려워진다.

예를 들어, 지역 공립학교를 개선하는 데 도움을 주고 싶다면, 교실(책, 책상, 조명, 시간표, 교과과정)을 살펴야 할까, 아니면 교사에 대한 고민을 해야 할까? 여러 도심지의 학군에 대한 재정지원 부족이 심각하다는 것을 고려한다면, 학군의 규모 자체에 주의를 기울이거나, 혹은 체계적으로 이러한 재정지원 부족 현상을 초래한 지역, 주, 중앙 정치인을 먼저 살펴봐야 할까? 아니면 노조? 정부에 수입을 가져다주는 세법? 일부 전문가가 지적한 것처럼, 소외된 지역 아이들의 성적은 그 지역의 사회경제적 전망이 좋아지기 전에는 개선되기 어렵지 않을까? 아니면 먼저 뿌리 깊은 조직적 인종주의를 극복해야 하는 걸까? 아니면 공립학교부터 개선해야 하는 걸까? 어디서 시작해야 하는 걸까? 이미 수많은 시도와 실패가 있었는데, 종이봉투 문제를 해결할 방법도 마련하지 못하는 우리가 어떻게 학교를 개선할 수 있을까?

어떤 스케일로 행동할지를 쉽게 결정해버린다면 이러한 '난제'*는 더욱 해결하기 어려워진다. 이를테면, 부모가 문제라면 어떤 스케일에서 시작해야 할까? 학급, 학교, 교육 시스템, 지역 정부, 주 정부, 연방 정부? 각각의 수준에서 요소와 행위자를 모두 고려한다면 혼란이 가중될 것이다. 교사의 시작점은 달라야 할까? 정치인은 어떨까?

상대적으로 스케일이 작은 문제가 이제는 즉시 한 번에 사방으로 퍼져나간다. 언젠가 지역 수준에서 다룰 수 있었을 법한 것들이 이제 범위와 스케일 면에서 상당히 복잡해진다. 이러한 상황이 완전히 낯선 것은 아니다. 수십 년 동안 전문가들은 우리에게 이러한 혼돈을 견뎌내려면 생각은 글로벌하게 하고 행동은 지역적으로 하라고 가르쳤다. 하지만 그 말에는 '글로벌하게' 생각한다는 것은 응당 단순하다는 가정이 담겨 있다. 글로벌하게 생각하는 것 자체가 너무 복잡하고 까다로워서 모든 문제가 도저히 갈피를 잡을 수조차 없어 보인다면 어떻게 될까?

우리가 설계하고 기획하고 실행만 하면 현재의 까다로운 문제에서 벗어날 수 있다고 믿는 것은 좋지만, 그렇게 믿을 만한 단서는 별로 없다. 이를테면 수십 년 동안 인간의 잘못이라는 것이 드러났음에도 불구하고, 기후 문제처럼 명백하고, 절박한, 이론의 여지가 없

---

* wicked problem, 복잡하게 얽혀 인과관계를 파악하기 어렵고 해결방안을 세우거나 예측하기 어려운 문제를 이르는 말로, 고약한 문제 혹은 불명확한 난제 등으로 번역되며 이 책에서는 '난제'로 칭한다.

는 문제에 대하여 우리는 하나같이 미적지근한 반응만 보였을 뿐이다. GDP상으로 세계에서 가장 부유한 국가인 미국의 경제적으로 낙후된 지역의 공공교육 시스템도 혼란에 빠져 있다. 페이스북 창업자 마크 저커버그가 인구 27만 5000명에 불과한 뉴저지주 뉴어크에 1억 달러를 투입했지만, 열악한 교육 환경을 개선하는 데는 역부족이었을 정도다.[3] 우리의 정치체제에는 눈먼 돈이 넘쳐나는데, 정치인들은 자신들이 무엇을 해결하지 못하고 있는지에 대해 서로 합의하기는커녕 협상조차 하지 못한다. 보는 곳마다 제대로 작동하지 않거나 고장 난 시스템의 잔해가 어지러이 널려 있어 실질적 도움이 필요해 보인다. 공공시설, 의료보험, 식품 체계, 극단주의 테러, 사법제도, 쓰레기 처리 등 끝이 없다. 〈뉴욕 타임스〉 칼럼니스트 데이비드 브룩스David Brooks는 새로운 세기에 접어든 지 20년도 안 되어 2017년에 쓴 기고문에서 대담하게 선언했다. "이번 세기는 고장 났다."

'고장 난 시스템broken system'이라는 구절을 인터넷에서 검색해보면, 지구온난화, 경제적 불평등, 의료보험, 입법 절차, 공공교육, 사법제도 등을 비롯하여 대학 스포츠에 관한 글까지 나온다. 하지만 가지고 있는 정보가 많을수록 우리가 할 수 있는 것은 더 줄어드는 것 같다. 이처럼 무엇을 해야 할지 몰라 밤잠을 설치게 하는 불안하고 답답한 기분은, 규칙들이 예상치 못한 방식으로 바뀌고 얼음판에서 롤러스케이트를 타는 것처럼 앞으로 나아가기가 어려운 상황에 적응하지 못할 때 나타나는 증상이다. 그것은 여러모로 네트워크 세상의 거침 없는 상호연결성의 결과이다. 거의 모든 것이 어떻게든 뒤엉켜 있다면 매듭을 풀기란 거의 불가능하며, 시작점을 찾는 것은 더 어렵다.

문제가 복잡해질수록 답은 스케일에 있다
: 비물질화와 얽힘이 만든 스케일 혼종의 세상

그렇다면 왜 스케일이 이러한 모든 다양한 딜레마의 구성요소일까? 간단하게 답하자면, 세상이 제멋대로, 혹은 새로운 방식으로 제멋대로 돌아가게 되었기 때문이다. 이것은 부분적으로 두 가지 중요한 변화의 결과이다. 나는 그 변화를 비물질성immateriality과 얽힘entanglement이라고 부를 것이다. 먼저 비물질성은 (MIT 교수 니컬러스 네그로폰테Nicholas Negroponte의 표현처럼) 원자를 비트로 바꾸거나 나침반을 앱으로 바꾸는 디지털 과정의 결과이다. 비물질성은 단단하고, 물리적이고, 손에 쥘 수 있는 것을 눈에 보이지 않는 0과 1의 비물질적인 흐름으로 바꾸어놓았다. 문서와 파일, 사진 등은 이제 자기매체에 저장된 눈에 보이지 않는 전기 파동이 되었고, 모퉁이가 접히고 누렇게 변한 채 책상 서랍이나 구두 상자에 처박힌 모습이 아니라 화면에 작디작은 픽셀로 시각화된다.

이러한 비물질화는 물리적인 것에만 영향을 미치는 것이 아니다. 서비스 역시 갈수록 비물질화되어간다. 예를 들어, 은행은 이러한 변화를 감안하여 전체 서비스 제공을 재고하고 있다. 불과 40년 전만 해도 은행은 자신들의 견고함과 위엄, 영속성을 보여주기 위해 기념비적이고 단단한 건물을 세웠다. 오늘날 그 건물들은 레스토랑이 되었다. 그러는 동안 은행(이제 다국적 대기업이 되었다)은 은행 업무를 단순히 한 계좌에서 다른 계좌로 눈 깜박할 사이에 전자를 이동시키는 것 정도로 알고 있는 신흥인구집단인 Z세대와 접점을 찾아내기 위해 애쓰고 있다. 이것은 우리 감각계의 패러다임이 바뀌는 일이지만, 우리는 그 영향과 결과를 이제 겨우 이해하기 시작했다.

두 번째 요소인 얽힘은, 일상의 인프라가 되어버린 필수적이고 상호적인 네트워크의 증가이다. 우리의 시스템이 서로 강하게 연결되어 있기 때문에, 개인들은 (역설적으로) 유례없이 권능을 가지면서도 늘 열세하다. 매사추세츠주에 있는 중소 도시에서 대출을 받으려는 한 젊은 커플이 있다고 생각해보자. 30년 전이라면 이들은 지역 은행을 찾아가 이미 연고가 있을 수도 있는 대출 담당자를 만나, 안정된 지역에 위치한 부동산을 담보로 했을 경우 이자율이 얼마나 되는지 상의할 것이다. 대부분의 거래는 좋든 나쁘든 지역사회의 사정과 관계에 의하여 결정될 것이다(그리고 특정 경계 지역 지정이나 여타 형태의 직접적이고 합법적인 차별은 소수자들에게 나쁘게 작용할 것이다). 하지만 이 장면을 2008년으로 옮겨놓으면 아주 다른 광경이 펼쳐진다. 무엇보다 그 커플은 온라인으로 대출 신청을 했을 것이고, 실제로 중개인을 만나는 일은 절대 없을 것이다(중개인이 다른 대륙에 있는 콜센터에서 근무할지도 모른다). 그 커플이 제공한 담보는 수백여 개의 담보와 합쳐져 주택저당증권이라는 복합 금융상품이 될 가능성이 크다. 그 주택저당증권은 부가가치를 노리는 투자자들이 있는 세계 시장에 팔리게 된다. 이 담보대출의 안정성은 그리스, 중국을 비롯한 거의 모든 나라에서 내리는 결정에 영향을 받을 수 있다. 2008년, 그 시스템이 붕괴되고, 사람들의 부동산 가치가 막대한 채무 금액보다 떨어졌을 때, 당신의 딸이 당신이 거래하는 은행 직원의 딸과 같은 축구 팀에 있든 말든 중요치 않았다. 당신도 은행 직원도 가치 평가나 상황에 큰 영향을 미치지 못하기 때문이었다. 2008년 이후, 대다수의 주택 보유자는 수천 킬로미터 떨어진 나라에 사는 사람들의 결정에 속수무책으로 압도당하며 네트워크 세계의 복잡성에 빠져 허우적댔다.

이번에는 혼자서 주요 글로벌 은행을 제대로 기능하지 못하게 할 수 있는 컴퓨터 해커를 생각해보자. 단독으로 은행이나 금융서비스 회사 같은 대기업을 의도적으로 해킹한다는 발상은 불과 한 세대 전에만 해도 상상도 할 수 없거나, 할리우드에서나 가능했었다. 이제 그런 일은 흔하다. 개인이나 소규모 사이버범죄 집단이 소니 같은 다국적기업과 미국방부 같은 "침입 불가능한" 국가 조직을 쉽게 뚫고 들어가, 서버 안을 돌아다니며 정보 구조를 불안하게 만들거나

"보안" 데이터를 좀도둑질하여 다크웹dark web(디지털 암시장)에 팔아버린다.

삐걱거리는 19세기와 20세기의 물리적 인프라 위에 쌓아 올린 상호연결된 디지털 통신 인프라는 무시무시한 혼종을 만들어내고 우리는 그 구렁텅이에서 허우적거린다. 우리는 이러한 이종교배 상태에서 무엇이든 할 수 있을 것 같은 느낌과 압도되는 감정을 번갈아 느낀다. 우리는 넓고 휘황한 세상을 섭렵할 수 있지만 우리의 코는 스크린에 처박혀 있고, 키보드나 스마트폰을 조작하는 손길에 의해서만 가능할 뿐이다.

첫 번째 현기증 나는 변화가 인공물, 프로세스, 서비스 등이 디지털화되고 비물질화된 결과라면, 두 번째 변화는 우리가 구축한 상호연결성의 광활한 인프라를 반영한다. 우리는 과거에 농장을 짓고, 고속도로와 수송관을 건설했다. 오늘날 우리는 서버 농장*, 정보 고속도로, 데이터 수송관을 구축한다. 마치 우리가 생물이 아닌 정보의 씨를 뿌리고, 경작을 하고, 추수를 하는 것과 같다. 우리는 물리적인 것과 디지털 사이 어중간한 층에 표류하며 갇혀 있다. 이처럼 각각의 규칙과 논리가 있는 두 세계 사이에 붙잡힌 기분을 미술가 아람 바르톨Aram Bartholl은 〈지도Map〉라는 프로젝트에서 영리하게 포착했다.

* 서버가 모여 있는 물리적 공간.

그림 3 아람 바르톨의 〈지도〉(2006~2019) 중 2010년 대만 타이페이에 설치되었던 작품. 바르톨의 작품은 우리가 물리적인 것과 디지털 사이에 표류하고 있음을 단적으로 보여준다.

이 프로젝트에서 바르톨은 우리가 마주치는 대부분의 변화의 방향을 뒤집는다. 디지털을 물질화하는 것이다. 바르톨은 6미터 높이의 구글 지도 포인터(디지털 지도 서비스에서 위치를 나타내는 20픽셀짜리 붉은 눈물 모양의 표지)를 도시나 마을, 공공장소의 실제 위치에 설치한다. 바르톨의 설치 작품은 우리가 이제 물리적인 동시에 디지털적인 공간을 통과하고 있다는 것과 둘을 그대로 유지하는 데 어려움을 겪고 있다는 것을 일깨워준다. 가상현실, 증강현실, 혼합현실은 이 같은 교차 영역을 강화할 것이다. 우리는 이제 물리적인 세상과 디지털 세상(세상과 그 세상의 디지털 복제) 사이에 있는 투명한 막에 존재하는 것 같다. 우리의 실재 위에 디지털에 대한 실재적 해석을 쌓아 올림으로써, 바르톨은 우리의 예상을 뒤집고 개념적 경계를 왜곡하여 우리가 만들고 있는 이 혼종의 세상이 얼마나 기이한지 드러낸다.

스케일 안에서 생각하며 세상을 이해하기

역설적이게도, 스케일과 우리의 관계를 불안하게도 하고 끈끈하게도 하는 것은 우리가 의식하든 아니든, 언제나 스케일 안에서 생각한다는 점이다. 칵테일을 만들기 위해 재료의 양을 재는 것, 작은 아이를 들어 올릴까 말까 결정하는 것, 고속도로에서 운전하는 동안 제한속도를 지키는 것, 내 발에 맞는 신발을 선택하는 것 등은 모두 스케일을 판단하는 활동이다. 스케일은 또한 작은 것과 큰 것의 관계, 혹은 재현되는 것과 재현물(혹은 모델)의 관계를 통해 사고하는 도구이기도 하다. 예를 들어, 건축에서 스케일 모델은 건축가가 공간과 재료를 구성하고 조사하고 분석하는 것은 물론, 경험도 할 수 있는 도구이다. 실물 크기로 만드는 비용은 엄청나게 비싸기 때문에 건축가는 더 작으면서도 제대로 경험할 수 있도록 정확한 비율로 만든다. 비즈니스 모델 역시 어떤 형태의 사업인지, 혹은 어떤 형태의 사업이 될 것인지에 대해 적은 데이터로 세운 계획이다. 이런 의미에서 스케일을 줄인 모델들은 모방적이다. 감각 데이터는 적지만,

이 모델들은 실제를 반영한다.

이렇듯 스케일 안에서 생각하기란 작은 것에서 큰 것을, 축약된 것에서 온전한 것을, 불완전한 것에서 완전한 것을 추론하는 프로세스를 채택하는 것이다. 우리는 온전하게 실현된 것 자체의 속성을 모델에 투영하고 그 반대 방향으로도 마찬가지다. 인류학자와 사회학자가 몇몇 개인의 행동에서 문화 전반적인 행동 패턴과 의미를 추론할 때, 그들 또한 스케일 안에서 생각하는 것(일부에 대한 분석에서 전체 문화의 특징을 끌어내는 것)은 아닐까? 이런 의미에서 스케일은 우리의 사고 과정을 뒤덮고 있다. 비록 우리는 그렇게 생각하지 않을 수도 있지만 말이다.

일상의 경험을 변형하는 혼란스러운 힘을 이해하기 위해서 우리는 스케일이라는 개념 자체를 깊숙이 파고들어야 한다. 더 잘 이해하고 효과적으로 다룰 방법을 찾아내기 위해, 이 책은 두 부분으로 나뉘어 있다.

첫 번째 부분은 일화와 분석 위주로 구성되었다. 처음 네 장에서는 스케일이 작동하는 방식뿐 아니라 변화하는 방식까지 이해할 수 있도록, 스케일이 커지는 방향으로 진행될 것이다. 우리는 먼저 측정과 양적인 사고의 위험에서 시작한다. 더불어 인간의 몸과 인간이 테크놀로지가 만들어낸 새로운 환경에서 생존하기 위해 기울인 노력에 대해 고민해볼 것이다. 스케일을 어떻게 배우고 스케일이 어떻게 받아들여지는지도 알아볼 것이다. 나아가 우리는 시스템을 탐구할 것이다. 시스템 전문가 도넬라 메도즈Donella Meadows가 제안한 것처럼, 오늘날 시스템적으로 사고하거나 스케일의 변화가 예상치 못한 시스템 작용을 어떻게 촉발할 수 있는지 인식하지 않은 채 사물의 스케일과 우리의 비현실적 관계를 이해하는 것은 불가능하다. 그리고 마지막으로 네트워크가 인과관계에 대한 이해를 뒤집는 상황을 어떻게 만들어내는지 알아보려고 한다. 미미한 행위들과 행위자들이 엄청난 영향을 미치는가 하면 시스템을 개선하려는 집단적 의지는 아무런 효과가 없을 때가 많다.

이 책의 전반부가 스케일 안에서 일어나는 놀라운 작용을 이해하도록 도와준다면, 후반부는 끔찍한 현재를 효과적으로 타개해나가기 위한 전략을 개략적으로 설명한다(바꿔 말해, 현재를 개선하기 위해서는 먼저 상황을 이해해야 한다는 뜻이다).

여기서 나는 네 가지 전략을 소개할 것이다. 무형의 것에 형태를 주기, 스케일 프레이밍, 스캐폴딩, 복잡성을 받아들이기가 그것이다. 이 네 가지 전략은 스케일과 싸워서 이기는 것이 아니라 스케일을 '통해' 생각하면서 불안정한 상황을 인정하게 해주는 긍정적 도구이다. 이러한 통찰은 비즈니스, 관리, 정책, 설계, 사회 혁신 등 복잡하고 시스템적인 변화에 직면했거나 새로운 방식으로 일을 해야 한다는 부담을 느끼는 여러 분야에서 효과가 있을 것이다. 우리 시대에 나타나는 난제를 해결하는 손쉬운 해답은 없지만, 우리에겐 다른 방법이 효과가 없을 때 기댈 수 있는 틀(불확실성에 직면했을 때 취할 수 있는 행동계획)이 있다.

다시, 스케일이란 무엇인가

스케일은 예기치 못한 장소에서 순식간에 그 영향력을 드러낸다. 스케일과 스케일의 변형 효과를 '볼 수 있도록 만드는 것'이 이 책의 주된 목적이다. 스케일을 더 명확히 보기 위해서 서로 다른 것들을 동일한 틀 안에 집어넣자, 있을 것 같지 않은 유사점과 예상치 못한 반향, 기대하지 않았던 기회가 드러났다.

미셸 푸코Michel Foucault가 인간과학에 대한 그의 고고학이 담긴《말과 사물Les mots et les choses》의 서론에서 논쟁한 것이 바로 이러한 상황이다. 푸코는 설명을 위해 아르헨티나의 작가 보르헤스의 소설 한 부분을 이용한다. 보르헤스는 이성과 과학을 극한으로 몰고 간다. 기괴한 발상과 혼란스러운 딜레마가 그가 만들어놓은 균열을 통해 흘러나온다. 학구적이고 짓궂은 보르헤스의 소설은 지식과 지식이 실패한 원인 사이의 불쾌한 골짜기uncanny valley에서 맴돈다. 푸코는《말과 사물》에서 서구 사상의 범주 자체가 인위적이라는 사실을 설명하려고 시도한다(그러한 범주는 권력이 어떻게 지식이 되는가에 대한 징후이다). 첫 단락에서 이러한 범주의 영속성의 기이함과 기만적임을 전달할 방법을 찾으려고 애쓰는 푸코는 영원할 것처럼 보이는 범주가 실제는 그렇지 않다는 것을 주장하기 위해 지금은 전설이 되어버린 보르헤스의 글을 소환한다.

> 이 책은 보르헤스의 한 구절에서부터 시작되었다. 내가 그 구절을 읽을 때 웃음과 함께 내 사유(우리 시대와 지형의 흔적이 배어 있는 우리의 사유)의 모든 친숙한 표지들이 산산이 흩어지면서, 우리가 존재물들의 날것 그대로의 풍성함을 길들이는 데 익숙하게 써온 질서정연한 면면들이 부숴지면서, 같은 것과 다른 것을 구별하는 오래된 구별을 무너뜨리는 위협과 불안이 오래도록 잔향을 일으키면서 시작되었다. 그 구절은 한 '중국 백과사전'을 인용하는데, 거기서는 '동물의 분류'를 다음과 같이 한다. "(a)황제에게 속한 것 (b)미라로 만든 것 (c)길들여진 것 (d)젖먹이 돼지 (e)인어 (f)전설에 나오는 것 (g)떠도는 개 (h)이 분류에 속한 것 (i)발광하는 것 (j)수없이 많은 것 (k)미세한 낙타털 붓으로 그린 것 (l)기타 (m)방금 물주전자를 깬 것 (n)멀리 파리처럼 보이는 것." 이 경이로운 분류에서 우리가 단번에 간파하는 것, 우화의 형식을 통해 우리에게 또 다른 사유의 시스템의 낯선 매력으로 보이는 것은 우리의 사유가 가진 한계, 즉 그 한계를 사유할 수 없다는 냉혹한 사실이다.[4]

《스케일이 전복된 세계》는 수준기와 요정 인형, 양자역학과 원형교차로, 리눅스 운영체제와 이케아 카탈로그, 멧돼지와 나토의 아프가니스탄 계획, 빅데이터와 작은 개미를 한 틀에 집어넣을 것이다.

스케일은 통제할 수 없다. 우리의 삶도 통제할 수 없다. 스케일은 바로 그 지점에 기여한다. 이 길을 따라가면서, 적어도 독자들이 자기 생각의 한계를 사유하는 것은 물론 때로는 그 한계에 직접 부딪쳐 보길 바란다.

1부

스케일 감각 회복

1

세상을 정확하게
파악하고 있다는 착각

우리는 측정이 불가침적이며 정확하고 오류가 없는

과학적 절차의 결과라고 가정한다.

그러나 엄밀하게 측정할 수 있게 되기까지는 복잡한 일이 많았다.

대충 살펴보기만 해도 스케일과 관련된 사고의 토대가

얼마나 불안정한 기반 위에 쌓였는지를 드러내는

놀랍고도 기이한 일들이 존재한다.

나이절 터프널은 한 영국 헤비메탈 밴드의 기타리스트로, 매력적이지만 어수룩한 구석이 있다. 다큐멘터리 영화 제작자 마티 디버기는 나이절과 그의 밴드 멤버들을 따라다니며 '스파이널 탭'이라는 이름의 저물어가는 불운한 록 밴드의 위업을 카메라에 포착한다. 영화의 한 장면에서 나이절은 그의 소중한 기타 몇 가지를 마티에게 자랑하고 나서 그를 아주 특별한 마샬 앰프 앞으로 데려간다.

나이절 이건 우리가 무대에서 사용하는 장비 중 제일 좋은 겁니다. 아주 아주 특별합니다. 왜냐하면, 보시다시피…….

마티 네.

나이절 숫자들이 모두 11까지 매겨져 있죠. 보세요, 모두 다 그래요.

마티 아, 그러네요.

나이절 11…… 11…… 11…….

마티 다른 앰프들은 10까지죠.

나이절 맞아요.

마티 그 말은…… 이게 소리가 더 크다는 뜻인가요? 더 크게 들리나요?

나이절 음, 볼륨 1이 더 올라가겠죠? 10이 아니니까요. 대부분의 녀석들은 볼륨 10에 두고 연주합니다. 볼륨을 끝까지 높여 10에 맞추는 거죠.

마티 그렇군요.

나이절 최대로 올려 소리가 10까지 올라가면 그다음엔 어떻게 하죠?

마티 모르겠군요.

나이절 그렇지요. 더 올라갈 곳이 없어요. 맞아요. 마지막으로 관객을 보내버리고 싶을 때 우리는 어떻게 할까요?

마티 11까지 올린다.

나이절 맞습니다. 한 칸 더 올리는 겁니다.

마티 그냥 10일 때 나는 소리를 더 크게 하고 가장 큰 소리를 10에 맞추면 되지 않을까요?

[정적]

나이절 이건 11까지 올라간다니까요.[1]

페이크 다큐멘터리 영화 〈이것이 스파이널 탭이다This Is Spinal Tap〉에 나오는 이 우스꽝스럽고 지금은 전설이 된 대화 장면은 헤비메탈록 분야의 허영심과 거만함을 꼬집는 동시에, 지나치게 진지하기

그림 4 영화 〈이것이 스파이널 탭이다〉의 한 장면. 기타리스트의 허영심 가득한 말 속에서 우리가 스케일이라는 개념을 어떻게 이해하고 있는지 엿볼 수 있다.

만 한 다큐멘터리들을 패러디하고 있다. 하지만 이런 얼빠진 대화에서도 어떤 세계관을 엿볼 수 있다. 뜻밖에도 스케일의 본질과 그러한 본질이 우리가 소리와 물체, 환경 등을 지각하는 방식에 미치는 영향에 관한 논쟁을 접하게 되는 것이다.

이 논쟁에서, 나이절 터프널은 철학자들이 형이상학적 자연주의라고 할 만한 관점을 취한다. 그는 사실상 앰프 볼륨 조절기에 쓰인 숫자 눈금scale이 현실의 고정된 체계를 가리킨다고 주장한다. 10은 언제나 10만큼의 소리를, 11은 언제나 10보다 1만큼 큰 소리를 들려준다는 것이다. 이와는 대조적으로, 마티 디버기는 숫자 자체의 본질에 도전한다. 그는 앰프의 눈금이 궁극적으로 이 세상 속의 특정한 무언가를 가리키는 것인지, 아니면 그 숫자가 인간에 의해서 만들어진 것인지 질문한다. 이러한 의견 차이에서 최후의 승자는 디버기인 것으로 보인다. 스케일은 다분히 인간이 만들어낸 개념이며, 측정measurement이라는 기반 위에서 만들어졌다.

정확한 측정이라는 환상

그런데, 10과 11은 실제로 무엇을 가리키는 것일까? 데시벨? 당연히 아니다. 우리는 파카를 입을지 스웨터를 입을지 고를 때건, 커피 원두를 살 때건, 제한속도를 지키려고 노력할 때건, 볼륨을 한 칸 더 올릴 때건 하루 종일 쉴 새 없이 다양한 스케일을 따라 움직인다. 이러한 스케일의 형태는 신비롭기는커녕 흥미롭지도 않다. 이는 측정에 기반한, 무형의 경험에 형태를 부여하는 데 도움이 되는 비물성적이고 정량적인 인프라일 뿐이다. 우리는 시속 73킬로미터로 운전하든 104킬로미터로 운전하든 차이를 느끼지 못할 수도 있지만, 속도계와 규정 속도는 시민사회가 다수의 안전을 위해 운전자의 부주의함을 규제할 수 있게 해준다. 우리의 시속 80킬로미터가 서로 같다면 말이다.

이런 모든 사실은 스케일이 특별히 흥미롭거나 주목할 만한 점이 없는 개념이라고 말하는 것처럼 보인다. 우리는 스케일과 함께 살아가는 데 크게 만족하며, 스케일은 이렇다 할 문제를 거의 일으키지 않는다. 우리는 측정이 불가침적이며 정확하고 오류가 없는 과학적 절차의 결과라고 가정한다. 그러나 엄밀하게 측정할 수 있게 되기까지는 복잡한 일이 많았다. 대충 살펴보기만 해도 스케일과 관련된 사고의 토대가 얼마나 불안정한 기반 위에 쌓였는지를 드러내는 놀랍고도 기이한 일들이 존재한다.

측정은 어떤 점에서 정량적인 스케일을 보장해준다고 할 수 있다. 정량적 측정이 없다면 우리는 정성적이고 주관적으로 비교하는 모호한 세계에서 살게 될 것이다. 이 맥주가 저 맥주보다 기분 좋게 쓴가? 그 칠리페퍼가 이 칠리페퍼보다 매운가? 주목할 만한 점은 정량적인 스케일이 없을 경우 우리는 그것을 만들어 쓰는 일이 많다는 것이다.

맥주 양조업자들은 맥주의 쓴맛을 확실하게 비교하기 위해 국제 쓴맛 지수International Bitterness Unit, IBU라는 기준을 개발했다. 매운 고추 애호가들은 할라페뇨의 따끔거리는 매운맛과 캐롤라이나리퍼의 타는 듯한 매운맛의 차이를 정량화하기 위해서 스코빌 지수Scoville Heat Unit, SHU를 만들었다. 각 지수의 신뢰도는 반복 적용 가능한 과학적 근거가 있는지에 달려 있다. IBU의 경우, 맥주 홉에 이소후물론isohumulone이라는 산성 성분이 얼마나 있는지를 ppm 단위로 나타낸다.[2] 그리고 과학자들은 이제 고성능액체크로마토그래피High-Performance Liquid Chromatography, HPLC라는, 고추의 매운 맛의 근원인 캡사이신 함유 정도를 테스트하는 과정을 통하여 SHU 값을 결정한다.

이전에는 스코빌 감각수용 테스트Scoville Organoleptic Test를 사용했는데, 같은 양으로 각각의 고추를 설탕물에 희석하면서 매운맛을 더 이상 느낄 수 없을 때까지 얼마나 많은 물이 필요한지를 보는 것이었다.[3]

하지만 맥주의 쓴맛을 지각할 때 많이 의존하는 것은 사실 다른 성분들이다. 맥주에 맥아가 많으면 IBU와 무관하게 '쓴맛'이 덜해진다. 그리고 똑같이 생긴 하바네로 고추라도 재배 지역, 시기와 방법에 따라 SHU가 달라질 수 있다. 우리가 아는 세계를 (정말 알기 위해서) 측정하려고 아무리 애를 써도 측정 행위가 기대에 못 미치는 경우가 많다.

1킬로그램은 아주 조금씩 가벼워졌다

2011년 2월, 〈뉴욕 타임스〉의 세라 라이얼Sarah Lyall은 킬로그램의 세계 표준이 사실상 무게가 줄어들었다고 보도했다. "킬로그램 원기와 공식 복제본들을 비교하면서 발견된 차이는 작은 모래 알갱이 무게와 같은 약 50마이크로그램에 불과했다. 하지만 이 사실은 킬로그램 원기가 불확실한 세상에서 안정을 가리키는 신호등이 되어야 한다는 제 할 일을 다하지 못했다는 것을 드러낸다."[4]

이 발견이 근본적으로 무엇을 암시하는지 완전히 이해하려면, 이 하나밖에 없는 백금-이리듐 합금 덩어리가 바로 '킬로그램'이라는 것을 상기해야 한다. 즉, 우리가 측정하는 모든 것의 무게를 보장해 주는 다른 표준이 존재하지 않는다. 오늘날 가장 기이한 동어반복 중 하나가 이것이다. '1킬로그램의 무게는 (프랑스 세브르의 지하실에 세 개의 유리종 모양 덮개로 잠가두고, 열쇠를 가진 세 사람이 그곳에 모여야만 잠금을 풀고 접근할 수 있는) '그' 킬로그램의 무게이다.' 국제 도량형학자 공동체가 덜 불안정한 표준으로 대체한 미터나 리터와는 달리, 이 원시적인 금속 덩어리는 1킬로그램이 실제로 어떤 것인지 알 수 있게 해주는 궁극의 수단이다. 그리고 이 고유하고 빛나는, 높이와 너비가 비슷한 원통 모양의 금속은 1889년 국제도량형국Bureau International des Poids et Mesures, BIPM에서 (수십 년 동안의 정치 공작과 다툼 끝에) 그것을 표준으로 지정하기 위해 모였을 때부터 맡은 역할을 수행해왔다.

곧 다음과 같은 질문이 떠오를 것이다. "국제도량형국 사람들은 어떻게 그것이 1킬로그램인지 알지?" 무엇을 기준으로 측정했을까? 철학자 루트비히 비트겐슈타인은 그의 저서 《철학적 탐구Philosophische Untersuchungen》에서 "1미터라고도, 1미터가 아니라고도 할 수 없는 게 하나 있다면, 그것은 파리에 있는 표준 미터일 것이다"라고 제안하며, 표준 미터에 관한 동일한 딜레마에 대해 재치 있게 설명했다. 그리고 라이얼의 보도에서 지적한 것처럼, 과학자들은 놀랍게도 킬로그램 원기의 무게를 측정할 때 그 복제본을 기준으로 삼는다. 동어반복을 동어반복하는 것이다. 이것이 무엇을 의미하는지 생각해보자. 질량에 대한 세계 표준이 더 이상 존재하지 않는다면 세계 표준의 복제본은 무엇을 의미하는 것일까? 그 복제본은 여전히 복제본일까? 그리고 그 복제본의 질량은 얼마일까? 1킬로그램일까? 1킬로그램에 50마이크로그램을 더한 값일까?

도량형, 덜 불안정하고 불변의 것을 찾는 노력

이 유별난 문제는 수십 년 동안 과학자들을 괴롭혔다. 도량형(우리의 세계를 정량적으로 이해하기 위한 도구로서의 스케일)에서 정확도와 보편성을 찾는 것은 놀랍도록 최신 학문이며, 과학적 발견과 국제 무역의 기초가 되는 보편적 표준을 찾는 것은 그보다 더 최신 학문이다. 사람들은 이러한 스케일(척도)들이 말 그대로 돌에 새긴 것처럼 수백 년 동안 변치 않았을 것이라고 생각하지만, 사실은 그렇지 않다. 미국에서 '공식적인' 측정 체계를 구축하기 위한 최초의 연방법은 1866년 다음과 같이 제정되었다. "이 법안이 통과된 이후, 미국 전역에서 도량형으로 미터법을 적용하는 것이 법률적으로 정당할 것이다."[5] 그렇다. 의회에서 통과시킨 최초의 도량형 표준화 법안은, 미국에서는 전국적으로 야드파운드법을 사용하고 있는데도 불구하고, 미터법을 표준으로 적용했다. 당시 미터법은 미국에서 사용하는 측정 체계가 아니었지만, 표준화가 충분히 진행되었기 때문에 미국 정부는 이를 기준점으로 삼았다.

표준의 개발은 과학과 무역의 문제만은 아니었다. 존 퀸시 애덤스 John Quincy Adams가 1821년 의회 보고서에서 지적한 것처럼, 규칙적이고, 반복 적용 가능해야 하며, 균일한 스케일(척도)을 추구하는 데에는 윤리적인 요소가 있다.

> 도량형은 인간 개개인 모두의 생활에 필수 요소인지도 모른다. 도량형은 모든 가정의 경제 계획과 일상의 문제들에 관여한다. 도량형은 모든 직업에 필요하다. 온갖 유형의 재산 분배와 보호, 무역과 상업의 거래, 농부의 노동, 발명가의 창의력, 철학자의 연구, 고서 연구가의 조사, 선원의 항해, 병사들의 행진, 모든 평화 교류와 전쟁 행위에 필요하다. 확립된 용도와 마찬가지로 도량형에 대한 지식은 교육의 최우선적 요소이면서도 다른 교육은 받지 않은 사람들, 심지어 읽고 쓰지도 못하는 사람들에게 배우는 경우가 많다. 그 지식은 한평생 인간의 일에 관례적으로 사용됨으로써 기억에 각인된다.[6]

그의 열정적인 주장에도 불구하고, 과학자들은 20세기까지도 줄곧 무엇이 기본적이고 검증 가능한 측정 단위인지를 놓고 여전히 의견이 분분했다. 보편적인 기준을 도입한 주요 국제적 협의 대부분은 애덤스가 살던 시대보다 훨씬 뒤에야 이루어졌고, 덜 불안정한 불변의 것을 찾는 노력은 오늘날까지 계속되고 있다.

국제도량형총회Conférence Générale des Poids et Mesures, CGPM는 우리가 사용하는 스케일(척도)을 확립하는 국제기구로, 1960년 국제단위계Système International d'Unités, SI를 만들었다. BIPM은 CGPM이 설립한 기구로, 단위 체계를 정의하고 검증하는 일을 하고 있다. 이곳의 연구 결과는 우리를 둘러싼 세상을 측정하는 기준이 된다. BIPM은 지금까지 미터(길이), 킬로그램(질량), 초(시간), 암페어(전류), 켈빈(열역학적 온도), 몰(물질의 양), 칸델라(광도의 단위) 등 일곱 가지 기본 표준 단위를 제정했다.

SI는 칸델라를 "일정 방향으로 주파수 540×10^{12}헤르츠의 단색 복사를 방출하고, 그 방향으로 매 스테라디안당 683분의 1와트의 복사강도를 가지는 광원의 광도"라고 정의한다. 또한 암페어는 "길이가 무한대이며 원형 단면적이 무시해도 될 만큼 작은 두 개의 평행한 직선 전도체가 진공상태에서 서로 1미터 떨어져 있을 때 두 전도체 사이에서 미터당 2×10^{-7} 뉴턴의 힘을 생산하는 일정한 전류다". 그리고 수십 년 동안 과학자들이 물량 표준을 찾았음에도 불구하고 SI는 킬로그램을 다음과 같이 정의한다. "킬로그램은 질량의 단위이며, 킬로그램의 국제 원기의 질량과 같다."[7] 이들 가운데 킬로그램만은 분명히 나머지 단위와는 다르다. 킬로그램은 SI의 측정 단위 중 유일하게 물리적으로 존재하는 원기이다. 그 자체가 킬로그램이다. 과학자들은 다른 모든 표준에 대해서는 측정의 물량 표준을 과학자들이 전 세계 어디서나 (물리적인 인공물 없이) 확실하게 재현

할 수 있는 절차에 기반하는 것으로 정했다.[8]*

로버트 크리스Robert Crease는 절대적인 측정을 탐구해온 매혹적 역사를 다룬 그의 저서《측정의 역사The World in the Balance》에서 측정 체계를 구성하는 표준을 정확하고 확실하게 정의하기 위한 과학계의 노력을 상세하게 묘사한다. 이러한 노력은 두 가지 형태로 나타난다. 단위 자체를 정의할 수 있는 보편적이고 절대적인 수단을 확립하려는 기술적 탐구와, 전 세계에서 일관적으로 활용할 수 있는 체계를 도입하기 위한 국제사회 내 정치적 다툼이 그것이다. 우리에게는 수천 년간 돼지의 무게와 에일의 양과 이동 거리를 측정했던 지역의 측정 체계가 있다. 하지만 이러한 측정 체계는 나라마다, 도시마다 다르고, 심지어 지배 영주마다 달랐다. 야드미터법 아래에서 성장한 사람들은 적어도 그 측정 단위의 기원에 관한 이야기는 알고 있다. 우리는 지배자의 팔 길이에 따라 정해졌다는 측정 단위에 대한 이야기(왜 ruler에 두 가지 뜻이 있는지 더 확실히 알게 되었을 것이다)**, 그리고 군주가 바뀔 때마다 그의 발 크기에 따라 '피트'의 정의가 달라졌다는 이야기를 들으며 성장해왔다. 한 입a mouthful, 한 줌a handful, 네일nail(약 5.7센티미터), 핸드hand(약 10센티미터) 등 야드파운드법과 로마의 도량형은 거의 모두가 어떻게든 인간의 몸에 기원을 둔다. 적

---

* 킬로그램의 정의 역시 2019년 5월 20일 '세계 측정의 날'을 맞아 프랑크 상수를 이용한 정의로 변경되었다.

** ruler에는 지배자라는 뜻과 함께 길이를 측정할 때 사용하는 '자'라는 의미도 있다.

어도 기원전 400년 이전부터 '척尺'과 '촌寸' 등 인간의 몸을 표준으로 정한 중국의 측정 체계 역시 마찬가지이다.[9] 역사를 통틀어 많은 사람이 불가침적이면서 변하지 않는 측정 체계가 필요하다는 것을 이해했지만, 2018년 기준으로 59개 회원국과 42개 관련국이 채택한 SI 체계의 근간을 구성하는 미터법에 한 걸음 다가가게 된 것은 18세기 프랑스의 인내와 결단 덕분이었다.[10]

인간의 몸이 아닌 불변의 상수에 기반한 체계로

미터법의 개발은 신체에 기반한 측정을 불변의 물리상수에 기반한 표준으로 대체했다. 길이의 표준(미터)은 그로부터 질량(킬로그램: 물 1세제곱데시미터의 무게)과 부피(리터: 1세제곱데시미터)를 끌어낼 수 있을 때 자리를 잡게 된다. 지구의 자오선 길이의 일부를 미터로 정하려는 프랑스 과학자들의 초기 시도는 최초의 고정적이고 보편화된 표준의 탄생으로 이어졌다. 1미터 길이의 백금 막대기와 1킬로그램 무게의 원통형 백금이 그것이다. 각각은 물리상수(미터의 경우, 자오선 사분원의 513만 740분의 1에서 유래했다)를 이용하는 시스템을 구축하는 첫 단계였다.[11] 이것은 측정의 역사에서 패러다임이 크게 바뀌는 도약이었다. 아직 국제적 동의가 이루어진 것은 아니었지만(이는 훨씬 나중에 이루어졌다), 더 이상 인간의 신체에 의존하는 것이 아닌 어디서나 일정한 참조 표준을 만들게 되자 이론적으로는 언제나 어디서나 누구나 정확한 기준을 복제할 수 있게 되었다.

하지만 얄궂게도 표준이 된 것은 의도했던 절차가 아니라 매우 안정적인 백금 인공물이었다. 문제는 영원히 변치 않을 듯해도 아주 말끔한 백금조차도 결국 물리적 파손이 생기고 거의 알아챌 수 없을 만큼의 불순물이 쌓이리라는 것이었다. 주조하는 과정에서 불순물이 섞여 들어가서든, 혼합물에 공기 방울이 생겨서든, 일상의 먼지나 때가 쌓여서든, 인공물에는 변화가 생기게 마련이다. 예를 들어, 킬로그램에 관한 SI의 정의에도 다음과 같은 예상 밖의 지시 사항이 포함되어 있다. "하지만, 어쩔 수 없이 표면에 쌓이는 오염물질 때문에 국제 원기는 1년에 총 1마이크로그램에 가까운 가역성 표면 오염이 일어난다. 이러한 이유로 국제도량형위원회Comité International des Poids et Mesures는, 추가 연구가 진행 중이긴 하지만, 국제 원기의 기준 질량은 정해진 방법으로 세척한 직후의 질량에 해당한다고 선언했다."[12] 이처럼 여러 가지 척도 중 유일하게 킬로그램만 자신의 존재 이유를 더럽히는 미량의 오염물질을 제거하기 위해 정기적으로 세척을 한다.

이러한 이유로 도량형학자들은 측정의 기본단위를 정의하는 데 '물리상수'를 추구해왔고, 그 탐색은 미터부터 시작되었다. 1960년 이후 BIPM은 1미터를 금속 합금 막대기의 길이 대신 '진공에서 크립톤-86 원자의 $2p_{10}$과 $5d_5$ 준위 사이의 전이에 대응하는 복사 파장의 165만 763.73배'로 정의했고, 1983년에는 '진공에서 빛이 2억 9979만 458분의 1초 동안 이동한 거리'로 다시 수정했다.[13] 반면 야드는 한때 대략 팔을 쭉 뻗었을 때 코에서 손가락 끝까지의 거리로 정의되었지만, 물리상수를 사용하는 방향으로 바뀜에 따라 기구를 통해서만 알 수 있는 방식으로 재측정되었다. 인간의 뇌는 1초의 3억분의 1에 가까운 시간을 감지하지 못하며, 우리는 진공상태에서 살고 있지도 않다. 이러한 체계에서는 우리가 알고 싶은 것이 사실인지 입증해줄 매개체만 사용할 수 있다. 이렇듯 측정 분야의 과학적 진보는 인간의 신체와 지각을 측정 체계와 분리하는 기나긴 여정이었다. 더 이상 우리 인간은, 레오나르도 다빈치의 인체비례도가 그렇듯 지식 정리 체계의 중심에 있지 않다.

존 퀸시 애덤스가 열정적으로 펼쳤던 주장(균일하고 검증할 수 있는 스케일 체계는 제대로 작동하는 공정한 시민사회의 핵심이다)은 킬로그램의 질량이 줄어든 것에 대한 언론인 세라 라이얼의 푸념에 실려 퍼져나갔다. "원기가 불확실한 세상에서 안정을 가리키는 신호등이 되어야 한다는 제 할 일을 다하지 못했다." 불확실한 세상에서 우리는 불변성과 안정성, 확실함을 제공하는 것을 붙잡으려 한다. 정확하고 보편적인 측정 체계의 추구는 과학자와 관료만 관심을 가지는 과업처럼 보일지도 모르지만, 애덤스의 말이 세상에 알려진 데는 뭔가 더 깊은 이유가 있다. 공정, 정의, 평등 역시 어느 정도 상황을 측정한다. 눈을 가린 '정의의 여신'도 한 손에 저울scale을 들고 있지 않은가. 정밀함과 정확함에 대한 논쟁 바로 위로 측정의 윤리적 인 측면이 존재한다. 인체 및 인간의 경험이 측정에 개입하지 않으면 측정의 정확도는 크게 좋아지겠지만, 세상을 형성하는 체계와 우리가 분리된다면 어떤 일이 벌어질까?

케른의 요정 실험이 말해주는 것

케른Kern은 7대째 가족이 운영하는 독일 기업으로 정밀 저울을 전문적으로 제조하여 판매한다. 1844년에 창업한 뒤, 정밀한 독일 기술과 신뢰성을 바탕으로 평판을 쌓아왔다. 그러므로 케른이 자사의 EWB 2.4 저울을 이용하여 지구 표면에서 중력 변화를 알아보는 엉뚱한 실험을 했던 것은 조금 놀라운 일이었다. 실험에서 EWB 2.4 저울은 완충재를 댄 케이스 안에, 회사명과 같게 '케른'이라 이름 붙인 작은 정원 요정 인형과 함께 담겼다.

대부분의 사람은 페루 리마나 에티오피아 아디스아바바, 혹은 싱가포르에서 동일한 양의 무게를 재면 모두 똑같이 나올 것이라고 가정하지만, 실제로는 그렇지 않다. 지구의 표면 어디서나 중력이 일정하려면 지구가 밀도가 균일하면서 정확한 구의 형태여야 한다. 하지만 지구는 편구여서 극점에서 약간 더 평평하고 적도에서 약간 더 불룩하다. "사실 감자와 모양이 더 비슷합니다." 케른의 총괄 관

그림 5 케른의 '요정 실험' 키트는 중력의 변화가 무게에 미치는 영향을 직관적으로 보여준다.

리자 알베르트 자우터Albert Sauter는 활기찬 '요정 실험' 홍보영상에서 주장한다.[14] 중력의 변화와 그것이 무게에 미치는 영향을 정확히 이해하기 위해서 (광고대행사 오길비앤매더Ogilvy&Mather가 구상한 홍보 캠페인에서) 케른은 케른이 위치한 독일 남서부에서 만든 (깨지지 않는 합성수지로 만든) 정원 요정의 무게를 재고 세계지도에 표시할 전 세계 과학자들을 초대했다. 케른은 정원 요정이 살이 찌지도 빠지지도 않아서 무게 측정에서 상수 역할을 하기에 아주 좋다고 설명했다 (그리고 백금-이리듐 원통보다 홍보 효과가 훨씬 크다).

결과는 유의미한 차이가 있음을 보여주었다. 남극에서 케른의 무게는 309.82그램이 나왔고 예상대로 그 어느 곳보다 무겁게 나타났다. 적도에 있는 도시 케냐의 나뉴키에서는 307.52그램으로 거의 0.75퍼센트나 가벼웠다. 적도의 불룩한 부분 때문에 케른은 지구의 중심에서 가장 멀리 떨어져 있었고, 나뉴키 자체가 해발 1947미터에 위치해 있다는 점이 왜 정원 요정이 그토록 가볍게 측정되었는지 설명해준다.

요정 실험에서 잘 드러난 것은 우리가 물리적 성질을 결정하는 힘과, 그에 따른 우리의 척도가 당연히 지구 어디서나 일관적이고 균일하다고(런던의 1킬로그램은 나뉴키에서도 1킬로그램이라고) 여긴다는 것이다. 케른 요정 실험은 중력 같은 힘은 지리에 따라 상당히 달라진다는 것을 보여주는데, 이는 지구 중심까지의 거리가 다르고, 지구가 균일한 밀도의 완벽한 구의 형태가 아니기 때문이다. 그리고 달과 태양의 자체적인 중력도 약간이지만 영향을 미친다. 그렇다면 프랑스 세브르에 있는 '그' 킬로그램에는 어떤 영향을 미칠지 생각해보자. 프랑스 세브르에서 1킬로그램이었지만 프랑스만 벗어나도 똑같은 무게가 나오지 않을 수 있다. 예를 들어, 정원 요정 케른은 독일 발링겐에서는 308.26그램이 나왔지만, 스위스 제네바의 유럽입자물리연구소의 대형 강입자 충돌기에서 측정했을 때는 307.65그램이 나왔다.

이러한 결과(과학은 가까이 들여다볼수록 정확하지 않을 수 있다)를 보고 놀라는 사람은 아마도 과학자들보다는 비과학자들일 것이다. 비전문가들은 일반적으로 과학적 행위는 정확하고 절대적이며 변함없는 것이라고 가정한다. 하지만 실제로는 놀라우리만큼 모호하며 불확실하다. 지금까지 보았듯, 측정처럼 기본적인 것조차 특이성과 불규칙성으로 가득하여, 우리 자신의 인간적인 경험에 근거하여 당연하다 여기는 것 대부분 또는 일부에 오류가 있다. 과학자들은 많은 경우 불확실성의 정도를 정량화할 수 있고, 이러한 점이 보통 사람들과 확실히 구별된다. 하지만 그렇다고 과학자들이 불신과 미지의 세상에서 살아남는 법을 터득하지 않아도 되는 것은 아니다.

더 정확해질수록 더 혼란스러워진다

측정은 얼마나 믿을 수 없는 것일까? 왜 더 가까이 들여다볼수록 더 믿을 수 없는 것처럼 보이는 것일까? 정확한 측정 도구를 사용하면, 분명히 정확하게 측정할 수 있을 것이다. 적어도 미터법 전도사들은 그렇게 믿었다. 하지만 세상은 그렇게 단순하지 않다. 루이스 프라이 리처드슨Lewis Fry Richardson은 수학 역사에 남을 만한 인물로, 측정에 관한 가장 골치 아픈 역설을 제공했다. 그는 퀘이커교도였고, 비록 프랑스 육군 소속 퀘이커 구급차 부대에 입대하긴 했지만, 제1차세계대전 참전을 거부한 평화주의자이자 양심적 병역 거부자였다.[15] 그의 윤리 기준은 엄격했다. 때문에 분쟁 기간에 자신의 노력이 영연방의 전쟁 활동을 자신도 모르는 새에 도와주는 일이 없도록 수학과 관련한 일을 거부하기도 했다. 하지만 리처드슨의 진정한 재능은 언뜻 수학적으로 설명할 수 없을 것 같은 현상에 수학적 개념과 미분방정식을 적용하는 것이었다. 바꿔 말하자면, 그는 정성적인 것을 정량화할 수 있었다.

평화주의자로서 리처드슨은 자신이 가장 잘 이해할 수 있는 렌즈(수학)를 통해 전쟁과 폭력을 이해하는 방법을 찾기도 했다. 그는 수학적 모델로 결합할 경우에 두 나라 간의 전쟁 가능성을 예측할 수 있는 중요한 정량적 요소들을 찾아 몇 편의 논문을 발표했는데, 여기에는 불화, 호전적 태도, 군사력의 규모 등에 더해 서로 공유하는 국경선의 길이도 포함되었다. 그는 두 나라 사이를 가로지르는 국경선의 길이를 조사하면서, 당혹스러운 상황을 만나게 되었다. 두 나라가 측정한 국경선의 길이가 대부분 완전히 달랐던 것이다.

이로써 국경 지역이나 해안선처럼 들쭉날쭉한 경계를 측정할 때 사용하는 도구들 때문에 실제로 길이 자체가 달라질 수 있다는 사실이 밝혀졌다. 리처드슨의 발견은 오늘날 해안선 패러독스coastline paradox라고 불린다. 간단히 말해 해안선 패러독스는 측정 단위가 길어질수록 거리는 짧게 측정된다는 것이다. 가령, 누군가 메인주의 바위투성이 해안선을 측량하고 있다고 생각해보자. 지도와 1마일 단위를 이용했을 때 해안선의 길이는 (월드아틀라스WorldAtlas.com에 따르면) 3478마일이다. 하지만 1피트 길이의 자를 이용한다면 (그리고 모든 바위의 울퉁불퉁한 면까지 세세히 측정할 수 있다면) 훨씬 길게 측정될 것이다. 긴 측정용 '막대'는 작은 막대가 측정할 수 있는 굴곡을 측정하기가 어렵다. 측정 단위가 모래알보다 작다면 모래알의 윤곽까지 다 측정할 수 있어 해안선의 길이는 더 길어질 것이다. 양자를 이용하여 측정한다면 원자와 원자 사이까지도 측정할 수 있다. 마치 프랙털fractal처럼, 더 가까이 들여다볼 때마다 동일한 현상이 계속해서 나타난다. 이렇듯 측정 단위의 길이는 해안선의 총 길이에 역비례한다. 더 깊이 들어가 철학적으로 볼 때 이것은 어떤 면에서는 해안선의 길이를 알 수 없다는 것을 의미한다. 이는 길이를 측정할 수 없다는 뜻이 아니라, 결과가 측정하는 방식에 달려 있다는 뜻이다.[16]

시간의 측정 역시 가변적이다. 그리고 이번에도 BIPM은 시간을 이해하는 방식에서 중요한 역할을 한다. BIPM은 지속적인 시간을 측정할 때 기본단위로 사용하는 초를 다음과 같이 정의한다. "세슘 133원자가 기저 상태일 때 두 미세 준위 사이의 전이에서 방출되는 복사선의 91억 9263만 1770주기의 시간." 이러한 정의는 인간의 지각 능력이나, 한때 시간에 대한 서구적 개념의 중심이었던 지구의 자전과는 어떤 식으로든 직접적인 관계가 없다. 1970년, BIPM은 시간의 측정에서 지구의 자전을 분리했다. 지구의 자전 속도가 실제로 느려지고 있어서 과학적으로 신뢰할 수 없게 되었기 때문이었다. 표준 단위, 즉 '초'를 정의하는 것과 1초라는 시간을 결정하는 도구가 시각을 실질적으로 설명해주지는 않는다는 사실을 유념해야 한다.

그러한 이유로 BIPM은 국제원자시International Atomic Time를 만들었고, 국제원자시는 현재 지구에서 가장 정확한 시각이다.[17]

국제원자시를 만들기 위해 BIPM은 세계 전역의 연구실 80여 곳에서 400개 이상의 원자시간 값의 가중 평균을 정한다. 가중치를 적용하는 이유는 실험실이 위치한 곳의 해발고도가 측정값에 영향을 미칠 수 있기 때문이다(케른의 정원 요정 실험에서 본 것과 비슷하다). 하지만 국제원자시 또한 지구의 자전과 잘 들어맞지 않는다. 그리하여 협정세계시Coordinated Universal Time가 생겼고, 협정세계시는 국제원자시와 그리니치 평균시Greenwich Mean Time와 효과적으로 결합한다. "지구의 불규칙한 자전 속도를 보상하기 위해, 국제전기통신연합International Telecommunication Union은 1972년 필요에 따라 1초를 더하는(아니면 1초 동안 시간을 멈추는) 절차를 규정하여, 국제표준시와 자전 시간의 차이가 0.9초가 넘지 않도록 했다. 그 결과가 협정세계시이다." 이 0.9초가 그 유명한 '윤초leap second'이며, BIPM은 2016년의 마지막 날에 이 윤초를 더했다. 윤초의 존재는 협정세계시와 국제원자시가 만성적으로 어긋난다는 의미였다. "협정세계시와 국제원자시 사이의 차이는 이제껏 -37초다."[18] 그 밖에도 세계시Universal Time(천체 현상을 바탕으로 한다), 표준시Standard Time(대부분의 사람이 사용하며, 지리와 태양의 움직임에 기반한다), 지구시Terrestrial Time(천문학자들이 다른 천체들의 움직임을 측정하는 데 사용한다), 시스템 시간System Time(컴퓨터에서 사용하는 시간 기준으로, 보통 운영체제가 시작된 순간부터 발생된

틱tick 수를 세도록 되어 있다)이 있다는 점도 유념할 만하다.[19]

이 모든 것이 시간은 환상이라는 것을 의미한다고 하기는 어렵다. 시간은 현대사회에서 제 역할을 다하고 있기 때문이다. 하지만 공간 측정 체계가 그러하듯, 과학은 생각하는 만큼 확실하지 않다. 측정, 그리고 정성적인 것에서 정량적인 것을 구하려는 우리의 열망이 완벽한 과학이 될 가능성은 없을 것 같다. 측정은 여러모로 우리가 어떤 것을 주위 환경과 구별하여, 그 경계를 명확하게 정의하고, 그것을 분리하여, 마침내 정량적 도구로 측정할 수 있다는 가정에 근거한다. 마치 그 과정에 아무런 위험이 나타나지 않을 것처럼 가정하는 것이다. 시스템 사고Systems thinking는 우리가 어떤 것을 이해하려면 그것과 얽히고설킨 것들을 모두 이해해야 한다는 것을 뜻한다. 우리가 어떤 대상을 측정하기 위해 따로 떼어낼 때 그것은 환경과 분리되는 셈이다. 그래서 우리의 측정 체계가 그토록 모호한 것인지 모른다. 그러한 불분명함은 세상과 우리 경험이 순순히 측정을 받아들이지 않을 것이며, 우리가 어떤 것을 환경과 분리하거나 배경에서 형태를 분리할 때 큰 혼란이 일어날 수 있음을 일깨워준다(이 부분은 나중에 다룰 것이다). 정성적인 것에서 정량적인 것으로의 변화는 어떤 점에서 문명화에 관한 이야기이다. 수학, 금융 체계, 복식부기 등은 모두 가능성을 현실로 바꾼 근본적이고 중요한 혁신이다. 하지만 더 정확한 측정을 향해 나아갈수록 우리의 지식은 신체와 감각에서 분리되며, 우리의 혼란스러운 정체성과는 조금 더 멀어진다.

2

스케일 감각은 어떻게 형성되고 어떻게 흔들리는가

산업혁명 기간에 인간은 기계의 속도, 힘, 스케일에 맞추어졌다.

정보 시대는 완전히 새로운 일련의 경험을 전해주고 있다.

우리의 일상적 습관에 나타난 기념비적 변화가

우리를 변화시키지 않았다고 어찌 상상할 수 있을까.

오래된 성당에서 오르간 소리를 듣는 것은 흔치 않은 경험이다. 깊이 마음을 울리는 곡이 연주될 때 오르간에서 나오는 소리는 말 그대로 다리가 휘청거릴 정도로 아름답다. 공기가 고동치고 음이 몸 안에 울려 퍼진다. 그것은 경외감을 불러일으키는 물리적 경험이다. 근대 초기, 전기와 앰프가 없던 시절에 교회 신도들이 같은 소리를 듣고 어떤 느낌을 받았을지 그저 상상만 할 따름이다. 틀림없이 청중을 완전히 압도했을 것이다. 그 소리에 필적할 만한 것은 천둥소리밖에 없었을지도 모르겠다. 오늘날에 들어도 여전히 황홀경에서 빠져나올 수 없고, 그 무시무시한 힘과 위엄 앞에 정신을 잃고 만다. 그 오르간은 사람을 끌어모으는 강력한 도구였을 것이 틀림없다. 그 깊고 낭랑한 소리가 갑자기 몸에 들이닥치면, 아마 마음도 움직였으리라.

우리는 감각이 감당하기 어려운 힘에 압도당하면 인간의 허약함과 언젠가는 죽고 마는 덧없는 운명마저 떠올린다. 자기 내면으로 들어가 문을 걸어 잠그거나, 심지어 도망가버리기도 한다. 종교와 국가는 국민을 복종시키거나 국민의 경외감을 불러일으키기 위하여 역사적으로 스케일과 볼거리를 이용해왔다. 궁전, 군대의 행진, 성당 등을 떠올려보라.

우리는 스케일에 대한 감각을 통해서 세상을 이해한다. 스케일에는 물리적인 영향도 있지만, 심리적인 영향도 있다. 그리고 그러한 스케일과 우리의 만남에는 한 편의 역사가 있다. 대형 기계, 기계화된 전투, 혹독한 공장의 노동이 인간을 공격했던 산업 시대의 부흥기. 그 시기에 소외 이론과 전쟁 신경증*이 함께 나타난 것은 우연이 아니다. 그리고 무형의 것들이 얽혀 있는 지금, 왜 불안정한 느낌이 드는지 이해하려고 한다면, 스케일의 변화에 따른 영향을 다시 접하게 될 것이다. 우리의 환경은 또다시 변화하고 있으며, 그와 함께 완전히 새로운 지각 및 개념과 관련된 난관이 나타나고 있다. 그러한 난관을 이해하기 위해서, 우리가 정체성을 형성할 때 스케일이 어떤 역할을 하는지 효과적으로 이해하기 위해서, 우리는 개인을 둘러싼 환경의 스케일과 개인의 복잡하고도 친밀한 관계를 추적해볼 것이다.

---

* 전쟁 중에 군인들 사이에서 일어나는 여러 정신적 증상을 말한다.

20세기에 창조된 거대 산업도시라는 스케일

19세기 말에서 20세기 초의 예술가, 사회 비평가, 철학자 등은 불가항력적으로 밀려오는 도시의 기계화와 전기의 사용을 개인의 소외와 연관 지어 생각했다. 산업혁명 기간 동안 대거 도시로 이주한 지방 토착민들은 대규모 빌딩이나 시끄러운 건축 장비, 공장의 작업 현장에서 나는 소음, 공장에서 내뿜는 엄청난 오염물질 등에 미처 대비되어 있지 않았다.

바로 이 시기에 지그문트 프로이트가 무의식의 형태를 띤 소외된 자아를 가정했고, 카를 마르크스는 자본주의가 인간을 노동으로부터 소외시킬 수 있다고 진단했다. 특히 인간의 감각에 충격과 불안의 경험을 안겨주었던 것은 거대한 도시 기반시설과 전기로 밝아진 밤, 지나치게 빠른 속도, 기계화된 운송수단 등이었다. 1939년, 독일의 사회철학자 발터 벤야민은 기계화의 혼돈으로 이상이 생긴 인간 주체를 구원해줄 철학을 찾아 유럽 도시의 분주한 거리를 방황했다. 그는 이렇게 썼다. "이러한 혼잡을 뚫고 움직이며 개인은 일련의 충격과 충돌을 겪는다. 위험한 교차로에 서면, 마치 배터리가 에너지를 뿜어내듯 신경 충동이 계속해서 빠르게 온몸에 전해진다. 보들레르는 군중 속에 뛰어드는 사람을 전기 에너지 저장소에 뛰어드는 사람에 비유한다. 보들레르는 그러한 충격의 경험을 압축해 그 사람을 '의식을 갖춘 만화경kaleidoscope'이라고 불렀다."[1]

프로이트, 마르크스, 벤야민은 환경이 개인을 파괴하여, 그 여파로 그들의 의식이 만화경처럼 산산조각 나는 상황(황홀경, 환각, 몽상, 꿈, 분열, 정신병)을 포착하여 글로 남겼다. 이렇게 급변하는 도시에 새롭게 도착한 사람들은 빌딩의 높이와 소음의 크기, 경험의 강렬함 등 "신경 충동"에 압도당해 자신을 잃어갔다. 자아가 주변 환경으로 해리되어 들어가는 것(자아의 이완)은 소외, 전쟁 신경증, 광기에 이르기까지 다양한 신경쇠약증의 모습을 띠었다. 이러한 상실감, 방향감각 상실, 혼란(뿐만 아니라 흥분과 자극까지도) 등은 미래주의나 초현실주의 운동으로 이어졌다. 그에 동참한 사람들은 이러한 새로운 정서와 감각적 자극을 작품의 시작점으로 삼았다.

또한 경영학의 기원을 바로 이 시기에서, 그 부적응의 감각 속에서 찾기도 한다. 프레더릭 W. 테일러 같은 산업 엔지니어들은 당시 작업에 점점 많이 사용된 기계의 능력과 인간의 능력을 조화시키려고 노력했다. 영화 〈모던 타임스Modern Times〉에서 찰리 채플린은 직접 (전형적인 조립라인 노동자를 표현하며) 기계장치에 톱니바퀴 하나처럼 끼어, 인간이 기계에 동화되는 모습을 조롱했다. 하지만 테일러 같은 연구자들은 경이롭고 새로운 기계가 제공하는 기회와 기계 옆에서 노동하는 인간의 능력 사이의 최적 조합을 찾으려고 애썼다. 테일러는 업무를 여러 가지 요소로 나눈 다음 각각을 효과적으로 완수하는 데 걸리는 시간을 측정하고, 효율성을 최대화할 수 있는 규칙과 절차를 개발했다. 이 과정에서 노동자의 복지가 희생되는 경우가 많았다. 바꿔 말해, 테일러는 기계의 속도, 힘, 스케일에 인간 노동자를 맞추려고 한 것이다.

스케일은 학습된다
: 뉴욕, 필라델피아, 콩코드, 그린즈버러의 예

스케일은 그림자처럼 우리를 따라다닌다. 그림자는 우리 몸에 매여 있지만, 실체는 없다. 우리가 만드는 유령 같은 부산물이다. 스케일은 실체가 없다. 스케일은 우리가 만든 개념이다. 스케일 역시 우리가 어디를 가든 우리를 따라오는 것처럼 보인다. 주위 환경 속에서 자기 위치를 찾고 정착하는 능력은 우리가 지금 이 자리에 있게 하는 축과 같은 역할을 한다. 그러한 능력은 우리가 사는 공간을 구조화하고 체계화하여, 감각과 경험의 혼란스러운 바다에 예측 가능한 플랫폼을 구축한다.

우리의 몸은 우리에게 사물의 크기를 말해준다. 스케일은 그것을 더 명확한 다른 형태의 지식으로 바꾸어준다. 엄지발가락에 생긴 물집은 우리가 너무 많이 걸었다는 사실을 말해주지만, 스마트폰은 우리가 8킬로미터를 걸었다고 말해준다. 한쪽은 경험과 몸에 느슨하게 관련이 있고, 다른 쪽은 정량화할 수 있는 형태로 직접 머리에 호소하지만, 양쪽 모두 스케일을 보여주는 지표다. 우리는 가벼움을 느끼고 고약한 냄새를 맡을 수 있으며, 쓴맛을 맛보고, 정적을 듣고, 크기를 볼 수 있다. 하지만 측정과 스케일이 없다면 지구가 얼마나 큰지, 분자가 얼마나 작은지 알 수 없다. 스케일은 몸과 머리 사이, 지각과 개념 사이의 공간에서 맴돈다.

우리가 자연적으로 스케일을 알게 되는 것은 아니다. 내 딸이 일깨워준 것처럼, 우리는 스케일을 학습한다. 딸아이는 열여섯 살 때 청소년 여름캠프에서 안전요원으로 일했는데, 자신을 40대로 추측하거나 스프링클러 아래 15분 동안 있게 해달라고 간절히 부탁해놓고 실제로는 1분도 채 머물지 않았던 어린아이들 이야기를 해주었다. 우리는 학교에서 측정과 스케일에 대해 배우긴 하지만, 일상에서 맞닥뜨리는 모든 것을 가늠하기에는 충분하지 않다. 여러 가지 상황에서 반복되는 물리적인 경험을 통하여 비로소 이해하게 되는 것이다.

뉴욕, 그중에서도 맨해튼은 압도적이다. 떼 지어 선 빌딩의 외관이 하늘을 가린다. 아스팔트, 콘크리트, 석회암, 투명한 유리 벽에 맞고 튀어나온 소음과 에너지가 반향을 일으키고 증폭된다. 마천루, 아파트, 오피스빌딩, 창고 등이 우리가 체험할 수 있는 공간이다. 이러한 건물들은 우리의 삶을 위한 공간을 제공하지만, 이러한 인간과 벽과 장소의 집합체는 전통적인 집이나 가정을 참조한 바가 거의 없다. 인간의 삶은 이러한 거대한 건축물 앞에서 부수적이다. 자연은 보도블록의 갈라진 틈에 난 잡초나, 센트럴파크처럼 관리된 공

그림 6 뉴욕은 기중기나 엘리베이터, 기술, 철, 유리, 돌의 논리를 따르는 도시이다. 이곳에서 우리는 수백 미터 높이의 허공에서 잠자고, 수많은 사람 속에서도 침착함을 잃지 않는 법을 배운다.

간에서 엿볼 수 있다. 주요 행사에서 볼 수 있는 잠깐의 눈요깃거리에 불과하다. 뉴욕은 서울이나 홍콩처럼 기중기나 엘리베이터, 기술, 철, 유리, 돌의 논리를 따르는 도시이다. 우리가 도시의 스케일에 적응을 하거나 익숙해질 수도 있다. 하지만 그것은 도시의 스케일이 우리를 형성한다는 말을 다르게 표현한 것일 뿐이다. 우리는 스스로 소음에 익숙해지는 법과 수백 미터 높이의 허공에서 잠자는 법, 그리고 한꺼번에 수천 명의 사람이 인도에 쏟아져 나와도 침착함을 잃지 않는 법을 배우고 있다.

필라델피아에서 거리를 걷는 것은 아주 색다른 경험이다. 보이는 곳마다 3, 4층짜리 집들이 압도적으로 많다. '주택의 도시' 등 여러 가지 별명으로 알려진 필라델피아는 전동 기중기가 아닌, 샌프란시스코나 파리처럼 인간(과 말)의 스케일에 맞게 지어졌다. 상업과 금융의 중심가인 센터시티에는 눈에 띄는 고층건물이 들어서고 있지만, 이례적인 일이다. 그러한 고층건물은 월스트리트보다는 센트럴파크(색다름이라는 오아시스)에 가깝다. 필라델피아에서는 하늘을 볼 수 있고 느낄 수 있다. 빌딩의 높이는 대부분 기중기나 엘리베이터의 역량보다는 인력의 한계에 맞춰졌다. 사람들은 대부분 한두 층 정도는 걸어서 올라간다. 맨해튼은 밀도가 높고 위로 솟구쳐 오르지만, 필라델피아는 수평으로, 서서히 옆으로 뻗어나간다. 많은 국제적 도시가 그러하듯, 기획자와 건축가, 건설자, 주민이 힘과 역량을 모아 필라델피아를 만들었다. 분명한 것은, 인간의 독창성이 수많은 물리적 한계를 극복했지만, 전체적인 인상은 인간의 눈에 맞춰졌다는 것이다. 인간의 몸과 건조 환경*, 그리고 여기에 살 수 있는 유형의 생명체 사이에는 상호보완적인 관계가 존재한다.

뉴햄프셔주의 주도인 콩코드는 큰 마을에 가깝다. 이곳은 사방 어느 곳이든 훤히 알 수 있다. 숲에 둘러싸이고, 메리맥강이 둘로 나누는 이 도시의 경계와 지형은 개념적으로 이해할 수 있다. 오랫동안 이곳에 산 주민들은 도시 전체적으로 모르는 부분이 없다. 자전거를 타면 몇 시간 안에 도시 대부분을 돌아다닐 수 있고, 도보로도

* built environment, 인간이 구축해놓은 환경.

그림 7 버몬트주 그린즈버러. 이곳에서는 자연이 왕이고 인간은 그다음이다.

하루면 충분하다. 금빛 돔 형태로 지어진 의사당(이 도시에서 가장 높은 건물)은 북쪽에서 빛나며, 방향을 가리키는 기준점 역할을 한다. 이 도시는 합리적이고 알기 쉬우며, 주민들의 의식에 스케일이 맞춰져 있다.

버몬트주의 그린즈버러는 전체적으로 완전히 다른 질서가 지배한다. 이곳에서는 자연이 왕이고, 인간은 그다음이다. 버몬트주 사람들이 노스이스트 킹덤Northeast Kingdom이라 부르는 곳에 자리한 이 도시는 차를 타고 조금만 가면 캐나다 국경이 나오는 거리에 있으며 일반적인 도시와는 전혀 다른 세상이다. 이곳에서 예외적인 것은 인간이 만든 것이다. 땅속 물이 얼어 땅이 부풀어 오르고 여기저기 물이 고인다. 우리는 이곳에서 손님일 뿐이며, 가차없는 자연은 우리가 쌓아 올린 모든 것을 결국에는 되가져간다.

각각의 환경은 인간의 몸과 지각, 인간의 힘, 인간의 스케일과 아주 다양한 관계를 맺는다. 압축과 해제, 소음과 정적, 에너지와 갈등이 각각의 환경에 존재하지만, 서로 다른 방식으로 존재한다. 여치와 전기톱, 아비새 소리가 북부 버몬트의 정적을 깨트린다면, 뉴욕에서 밤의 평화를 깨뜨리는 것은 드릴과 버스, 경찰차의 사이렌 소리이다. 하지만 여기서 흥미로운 것은 다른 지각의 영역, 주변 환경과 비교하는 잘 알려지지 않은 감각이다. 우리가 왜소하다고 느끼는 것이 소나무 때문이든 고층건물 때문이든, 눈앞에 방대한 옥수수밭이 펼쳐져 있든 통풍구가 보이든, 이러한 스케일에 대한 물질적 관계가 경험의 형태를 형성한다.

성장과 함께 스케일도 변한다

스케일은 또한 꿈과 놀라움에 관한 것이다. 깊은 정서적 울림이 존재한다. 서커스나 야외 행사에서는 크기를 극적으로 변화시키는 기법을 이용하여 사람들을 유혹하고, 호기심을 자극하고, 혼비백산하게 한다. 모든 것이 실물보다 크거나 작다. 큰 것은 큰 대로, 작은 것은 작은 대로 마치 동화책이나 영화처럼 아이들의 두려움과 상상력을 가지고 논다.

《마루 밑 바로우어즈》, 《내 친구 꼬마 거인》, 《리틀 인디언》, 《걸리버 여행기》, 〈사랑해, 클리포드〉, 〈마이크로 결사대〉, 〈애들이 줄었어요〉, 〈다운사이징〉, 〈앤트맨과 와스프〉 등은 모두 우리보다 큰 것이나 작은 것과 정서적으로 관계를 맺게 하기 위해 낯선 스케일의 변화를 이용한다. 이러한 기법들은, 당연하겠지만, 어린아이들의 발달 중인 스케일과 관련된 능력을 공략 대상으로 삼는다. 크게 솟아오른 인간들이 아이들을 둘러싸고 완전히 다른 종인 양 그들의 작은 세상을 천천히 움직인다. 아니나 다를까, 이내 대소와 강약의 병치와 치환에 그들은 넋을 잃는다.

그러나 스케일에 대한 매혹은 어린 시절과 함께 끝나지 않는다. 클라스 올든버그Claes Oldenburg, 코셔 반 브뤼헨Coosje van Bruggen, 제프 쿤스Jeff Koons, 로리 시몬스Laurie Simmons, 톰 프리드먼Tom Friedman, 찰스 레이Charles Ray 등과 같은 다양한 현대 예술가들이 이와 유사한 분야를 파헤치고 있다. 찰스 레이의 조각 작품 〈가족 로맨스Family Romance〉는 유아기의 두 아이를 부모만큼 키웠다. 나이에 맞는 비율로 어린아이들을 성인 크기로 키우자 기이한 괴물이 되어, 핵가족의 행복한 '로

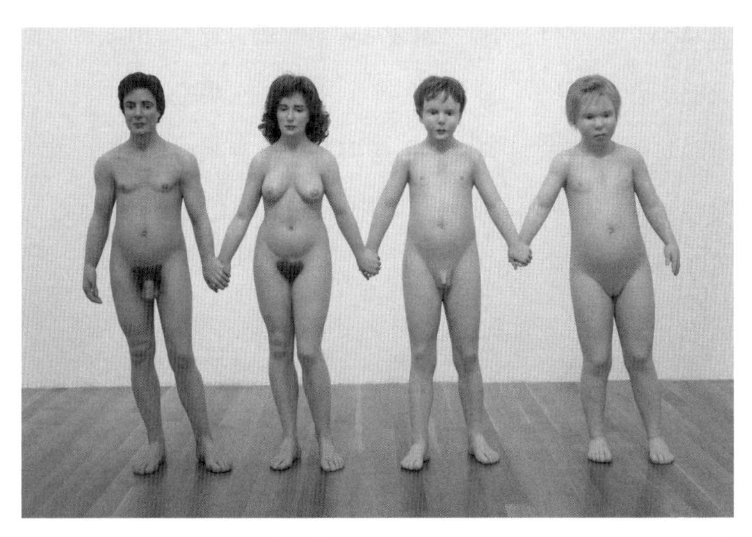

그림 8 찰스 레이의 〈가족 로맨스〉(1993). 유아기의 두 아이를 부모만큼 키우자 스케일이 복잡한 감정을 유발할 수 있다는 사실이 드러났다. (제공: 매슈마크스갤러리)

맨스'를 위협하며 스케일이 복잡한 감정을 유발할 수 있다는 사실을 일깨워준다.

어린아이 눈에는 세상이 다르게 보인다. 거인들이 실제로 땅 위를 걸어 다니고, 매머드가 동물을 길들인다. 차 안에서는 몇 시간이 며칠처럼 느껴지기도 한다. 세 살짜리 아이에게 여름은 영원처럼 느껴진다. 그 여름이 전체 인생의 12분의 1을 차지하기 때문이다. 하지만 40대를 지나고 있을 부모에게는 그 여름이 눈 깜짝할 사이에 지나간다. 스케일에 대한 우리의 감각은 반복적 경험과 (부정확한) 측정 도구에 의해 평생에 걸쳐 변화한다.

그림 9 번개(형태)가 치는 하늘(배경). 어떤 장면에서든 우리는 형태와 배경을 지각하여 구별한다.

형태와 배경, 스케일 가늠하기

우리는 형태/배경figure/ground 관계의 개념을 통해서도 자신에 대한 감각이나 주위 환경과 관련된 스케일의 미묘한 역학을 더 깊이 이해할 수 있다. 16세기 말 게슈탈트 심리학자들이 처음으로 밝혀낸 형태/배경 관계는 우리의 적응력 및 생존 능력과 매우 밀접하게 연관된 시지각의 구성 원칙 중 하나다. 예를 들어, 어떤 장면에서든 우리는 한계가 있는 것(형태)과 없는 것(배경), 또는 불연속적인 주체와 연속적인 바탕을 지각하여 구별한다. 초원의 사자는 배경 앞에 놓인 형태이다. 하지만 사자가 기척 없이 풀밭에 웅크린 채 몸을 숨

그림 10 인간, 꽃병, 나무, 흐린 하늘에 번개가 치는 모습처럼 시야에 들어오는 거의 모든 대상이 형태가 될 수 있다.

기고 있다면, 배경과 형태 사이의 구별이 사라져 우리의 생존 가능성이 낮아지게 된다.

이런 의미에서, 인간 혹은 꽃병이나 나무, 흐린 하늘에 번개가 치는 모습처럼 시야에 들어오는 거의 모든 대상이 형태가 될 수 있다. 그림 10은 계단과 하늘을 배경으로 한 하나의 형태를 묘사하고 있다. 반면 모더니스트 아그네스 마틴Agnes Martin의 추상 회화 작품 〈나

그림 11 아그네스 마틴의 〈나무〉(1964). 마틴의 회색 격자는 의미를 찾으려는 우리의 욕구에 저항하며 시각 및 공간에 대한 감각만을 남긴다. (제공: 뉴욕현대미술관)

무The Tree〉(그림 11)는 거미줄 같은 균일한 직선들이 캔버스의 여백을 고르게 분할한 결과 상당히 색다른 지각적 경험을 하게 해준다. 어떤 이미지에서 형태/배경이 구별되지 않는다면(형태가 보이지 않거나, 배경에 녹아 사라지고 없다면), 그 이미지에 담긴 것들에 대한 우리의 경험은 우리의 지각과 마찬가지로 변화한다. 마틴의 거미줄처럼 가느다란 회색 격자는 의미를 찾으려는 우리의 욕구에 저항하며 시각 및 공간에 대한 감각만을 남긴다.

매일 경험하는 스케일 혼란: 사진

인간은 쉽게 속는다는 말을 끊임없이 들어도, 우리는 사진 이미지와 관련해서는 우리의 눈을 믿게 된다. 디지털과 아날로그 이미지 모두 이미지 공간으로 우리를 끌어들이기 위해 스케일을 조작한다. 사실적이라는 사진의 시각적 특징에도 불구하고 한 장의 사진이 묘사하는 장면에는 미리 주어진 스케일이 없으며, 사진 이미지는 인화된 형태이든 스크린에서든 그 안에 담긴 내용에 대한 한계를 정하지 않는다. 가로 25센티, 세로 20센티 크기의 인화지에 마이크로칩의 세세한 표면에서 한 도시의 이미지까지 쉽게 담을 수 있다. 우리는 우리가 보고 있는 것에 대한 단서를 알아내기 위해 그 공간 안에서 형태/배경 관계에 의존한다.

다음 사진(그림 12)은 처음 살펴볼 때는 중간 톤의 회색 바탕으로, 시감각적으로 거의 단일한 색이다. 사진의 내용을 판단하기 어려울 뿐 아니라 사실상 스케일을 파악할 수 없다. 이 사진은 호수에 낀 안개를 찍은 것이다. 따라서 사실은 광활한 장면이다.

연속적이고 구별할 수 없는 배경만 있고, 시선을 묶어둘 형태가 없기 때문에 우리는 이미지의 스케일을 파악할 수 없다. 형태와 배

그림 12 회색 바탕의 사진. 사전 정보 없이는 그 스케일을 파악할 수가 없다.

경이 붕괴되면서 우리는 길을 잃고 만다. 같은 곳에서 찍은 비슷한 사진(그림 13)에서는 두 명이 탄 고기잡이배의 흐릿한 윤곽이 보인다. 이제 스케일이 드러난다. 우리는 지각할 수 있는 단서를 통하여 우리의 위치를 알아내고, 이미지 내의 공간에 맞게 우리의 지식을 적용한다. 하지만 정말 그렇게 간단할까? 이러한 확신은 그림에서 흐릿한 형태가 실물 크기의 배와 어부일 것이라는 믿음을 바탕으로 한다. 사실은 우리를 속이기 위해 만든 미니어처일 수도 있는 것이다.

사진가들은 이러한 효과를 쉽게 조작할 수 있다. 2003년, 미군이 바그다드 천국의 광장Firdos Square에 있는 사담 후세인 동상을 땅바닥

그림 13 안개(배경) 속에 등장한 고기잡이 배 한 척(형태). 그렇게 드러난 스케일을 우리는 믿을 수 있을까?

에 끌어내렸을 때 동상 주위로 모여들던 군중의 모습을 담은 유명한 사진처럼 말이다. 수많은 이라크인이 모여 있는 이 사진은 그 사건 이후 널리 유포되었고, 다수의 이라크 국민이 독재자 타도를 축하하기 위해 그곳에 있었다는 미군의 주장에 힘을 실어주었다. 하지만 그것은 사진가가 그곳에 모인 구경꾼 수십 명의 모습만 확대하여 보여주었기 때문이었다. 나중에 다른 사진에는 넓은 광장에 소수의 사람들만 모여 있어, 정권 타도가 큰 호응을 받고 있다는 미국의 전략적인 주장은 설득력을 잃었다.

우리는 경험을 통해 알거나 안다고 생각하는 스케일을 가진 형태 요소들과 연관 지어 사진 이미지에서 스케일을 지각한다. 온라인 소

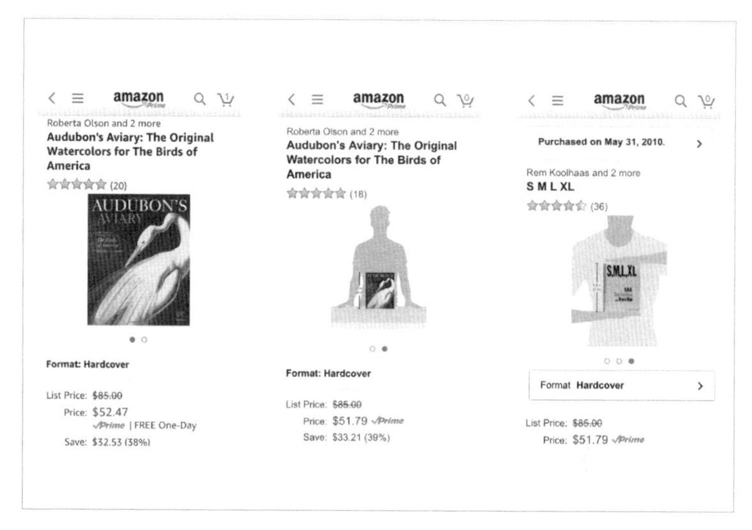

그림 14 아마존이 제공하는 상품 크기 정보. 인간의 신체(배경) 앞에 상품이 놓이자 그 크기를 쉽게 가늠할 수 있게 되었다.

매 기업 아마존은 책의 물리적 특징에 대한 정보를 전달하는 데 크기를 가늠할 수 없는 책 표지 이미지를 제공해왔지만, 최근 사람의 몸과 비교해 크기를 가늠할 단서를 제공하기 시작했다. 흰 바탕을 배경으로 회색 그림자 같은 형태가 나타나고, 역설적으로 이 인간의 신체를 배경으로 책이 형태가 된다.

한 장의 사진은 우리 주변에 존재하는 세상의 정수를 포착하려는 하나의 압축된 형식이다. 예를 들어, 우리는 그림 13에서 작은 창문을 통해 바라보듯 어부를 대상으로 한 사진적 재현을 '읽'지만 그 사진은 우리가 마음의 눈으로 실제 크기를 다시 상상한 장면의 축소판이다. 우리가 가로 25센티, 세로 20센티 크기에 도시의 스카이라인을 담은 한 장의 사진을 손에 들고 있을 때, 우리는 편리하게도 우리가 도시를 손에 들고 있을 수 없다는 사실을 간과해왔다. 우리는 크기나 초점, 해상도, 명암비, 원근법, 비율 같은 특징이 우리의 눈이 아닌 사진기의 렌즈와 센서가 만들어낸 것이라는 사실을 무시하는 데 길들여져 있다. 그리하여 한 장의 사진은 장면 자체에 대한 일종의 시각적 스케일 모델 역할을 한다. 지금까지 그러한 간극에 대해서 별다른 관심을 기울이지 않았을 뿐이다. 우리는 더 이상 사진 이미지에서 스케일을 보지 않는다.

형태와 배경이 무너지면 스케일도 무너진다

2016년 3월, 서리 나노시스템스Surrey NanoSystems라는 영국 회사에서 대담한 혁신을 발표했다. 서리 나노시스템스는 그때까지 밴타블랙Vantablack을 만든 회사로 유명했다. 밴타블랙은 너무 어두워서 가시광선의 0.035퍼센트만 남기고 모두 흡수해버리는 물질이다. 다시 말해 너무 어두워서 거의 보이지 않는 물질이다. 이들이 2016년에 발표한 것은 새롭게 발견한 더 검은 물질이었다. 얼마나 더 검을까? 반사된 빛을 측정하기 위해 그들이 사용하는 분광계는 그 물질에 반사되는 빛을 감지할 수 없었다. 사실상 그 물질이 분광계를 이긴 것이었다.[2] 밴타블랙을 발명한 사람은 밴타블랙의 광학적 성질

그림 15 서리 나노시스템스에서 개발한 밴타블랙. 감지기기의 측정 능력을 넘어선 밴타블랙은 일시적인 지각의 문제를 일으킨다. © Surrey NanoSystems

을 다음과 같이 설명한다. "표면에서 반사되는 빛이 거의 없기 때문에 밴타블랙을 '보는' 것은 거의 불가능하다고 말할 수 있다. 하지만 사람들은 밴타블랙을 보면서 자신이 보고 있는 것이 무엇인지 이해하려고 노력한다. 어떤 사람들은 마치 구멍을 들여다보는 것 같다고 말한다."[3] 하지만 그마저도 첫 번째 밴타블랙에 대한 반응이며, 최근에 만들어진 밴타블랙은 정교한 측정기기들도 측정할 수 없었다.

색소도 아니고 색도 아닌, 탄소로 만든 초미세관이 수없이 모여 기능을 하는 이 '다발'은 결국 영국에서 "(민간과 군에서) 모두 사용할 수 있는" 물질로 분류되었다. 그 이유 중 하나는 "가시 스펙트럼을 뛰어넘는 성능"이었다. 영국에서 이 물질을 민간과 군 모두 사용할 수 있다고 분류했기 때문에 서리 나노시스템스는 밴타블랙의 사용과 수출을 제한할 수 있었다.

그런데 서리 나노시스템스는 그 물질에 대한 창조적 사용을 애니시 커푸어Anish Kapoor라는 단 한 명의 예술가에게만 허용하는 예상치 못한 조치를 취했다. "커푸어 스튜디오 UK에게 예술 작업에서 밴타블랙 S-VIS의 용도를 탐구할 독점적 사용권을 주기로 결정"한 것이다. "이 독점 사용권은 예술 분야에 제한하며, 다른 분야로 확장하지 않는다."[4] 세계를 돌아다니며 대규모 작품 활동을 하는 유명 조각가 커푸어는 이 극단의 물질에서 독특한 가능성을 보았다. 커푸어에게 밴타블랙의 매력은 육체와 관련된 것이었다. "밴타블랙은 사실상 페인트와 비슷합니다……. 너무 어두워서 그 안으로 들어가면 모든 감각을 잃어버리는 어떤 공간을 상상해보세요. 내가 어디에 있는지, 내가 어떤 사람인지, 특히 시간 감각을 전혀 느끼지 못하는 그런 공간을요. 감정적인 자아에 무언가 일이 벌어지고 방향감각을 상실한 채 다른 방법을 찾기 위해 손을 뻗어야 합니다."[5]

감지기기의 측정 능력을 넘어선 밴타블랙은 일시적인 지각의 문제를 일으킨다. 밴타블랙은 블랙홀과 마찬가지로 볼 수가 없다. 커푸어에 따르면 밴타블랙은 인간이 시공간에서 길을 잃게 만든다. 공간과 시간이 붕괴되면 형태와 배경이 합쳐진다. 극단적인 상태에서 이 물질은 불안정하고 예상치 못한 결과를 낳는, 스케일 변화로 인한 혼란을 설명해준다. 기기는 기능하지 못하고, 눈은 제대로 인식하지 못하고, 뇌는 당황한다. 우리는 기댈 수 있는 (우리가 아는) 무언가가 없으면 허공에서 길을 잃는 위험에 빠진다.

21세기에 창조되고 있는 새로운 스케일

우리가 컴퓨터 화면이나 스마트폰, 태블릿을 들여다볼 때 우리는 스케일에 대해 어떤 감각을 학습하는 것일까? 그것들만의 물리적 법칙이 우리를 어떻게 재창조하는 것일까? 무엇을 배경으로 삼아 우리 자신을 이해하는 것일까? 산업 시대는 우리에게 형태/배경 관계에 대한 새로운 감각을 가져다주었고, 우리는 그 복잡한 관계를 통해 진화했다. 정보 시대는 완전히 새로운 일련의 경험을 전해주고 있다. 최근 닐슨 리서치는 오늘날 미국 성인들은 하루에 거의 다섯 시간씩 디지털 화면 앞에서 시간을 보낸다고 전했다(그리고 텔레비전과 라디오 등을 포함한다면 미디어와 접하는 시간은 하루 평균 열두 시간에 이른다).[6] 우리의 일상적 습관에서 나타난 이러한 기념비적 변화가 어떻게든 우리를 변화시키지 않았다고 어찌 상상할 수 있을까?

신호와 트랜지스터, 정보, 픽셀 등이 결합하여 우리의 무미건조한 일상에 기대를 불러일으키는 대안을 만드는 화면 너머의 공간은 이미 충분히 경이롭고 기이하다. 우리가 가상현실 고글을 뒤집어쓸 때 나타날 세상은 얼마나 새로운 세상일까? 가상현실 속의 공간은 차원은 있지만 존재할 수는 없다. 가상현실에서 공간은 설계자가 우리의 몸과 두뇌, 감각(지금은 대부분 시각적이긴 하지만, 일부는 촉각과 관련된 것이다)을 속이는 환상을 구축하기 위해 동원한 시각적 신호의 집합이다. 가상현실에서 우리는 바늘 끝에 올라서서 춤을 추고 전자 사이의 공간에서 떠다닐지도 모른다. 우리는 이처럼 완전한 디지털 환경에서 스케일을 완전히 재창조할지도 모른다. 우리는 또한 우리 자신을 완전히 재창조할 역량을 갖게 될 것이다. 아마도 이러한 새로운 가상공간의 공허함을 바라보면 우리에게 보이는 것은 빈 공간이 아니라 밴타블랙일 것이다.

3

스케일이 바뀌면 문제가 바뀐다

애벌레가 하늘의 정령이 되어 나타난다.

유충에서 성충이 되도록 프로그램된 세포는

유충이 녹아 거의 사라지게 만들고,

완전히 새로운 유형의 존재로 재구성시킨다.

이렇듯 시스템이나 시스템 내 요소들의 스케일이 변화하면,

실재의 본질은 예측할 수 없는 방식으로 바뀐다.

2009년 여름, 9.11 테러 이후 8년이 흘렀지만 미국은 여전히 아프가니스탄과 이라크와의 군사적 관계에 얽혀 있었다. 기습 작전을 통해 재빠르게 압도적인 군사력을 배치하려던 미국의 계획은 엉망이 되어갔다. 이러한 상황에서 〈뉴욕 타임스〉의 엘리자베스 버밀러Elizabeth Bumiller는 아프가니스탄 카불에서 열린 브리핑에 대해 영화 〈닥터 스트레인지러브〉*와 비슷한 상태에 이르렀다고 전했다.

당시 미국과 나토군의 지도자 스탠리 매크리스털Stanley Mcchrystal 장군은 대對게릴라전을 펼칠 경우에 나타날 여러 역학관계에 대해서 분석 전문가가 파워포인트로 작성한 한 장짜리 다이어그램을 보고 있었다. 버밀러가 '한 접시의 스파게티' 같다고 묘사했던, 빼곡히 들어찬 복잡한 다이어그램을 본 매크리스털 장군은 이렇게 비꼬았다

* 1964년에 개봉한 스탠리 큐브릭 감독의 블랙코미디 반전 영화.

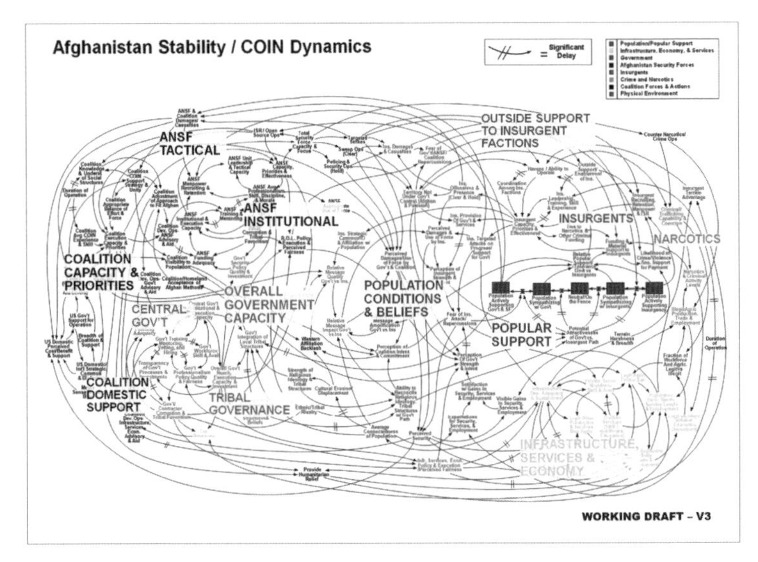

그림 16 아프가니스탄 안정성/대게릴라작전 역학관계를 나타낸 다이어그램. 너무 상세해진 다이어그램은 그 자체가 전쟁이었고, 작전계획이 곧 적이 되었다. (미합동참모본부 공보문서, 2009)

고 한다. "우리가 이 슬라이드를 이해하는 날, 전쟁에서 승리할 거야." 방 안에서는 난데없이 웃음소리가 터져 나왔다.

그 순간 아주 이상한 일이 벌어지고 있었다. 미묘하고 거의 감지도 할 수 없는 힘이 전장의 지도를 바꾸고 있었다. 그가 직면해야 했던 혼란스러운 현실은 몇 년 뒤에도 우리의 뇌리에 남아 있다. 말하자면 지도가 (여기서는 다이어그램이) 지도가 가리키는 땅보다 커진 것이다. 아프가니스탄군의 저항보다 아군의 조직 배치 및 기획이 더 혼란스러웠다. 매크리스털 팀은 정보망을 구축하고 이를 표현하는 능력은 뛰어났지만, 그에 비해 효과적으로 작전을 수행하는 능력은 뒤떨어졌다. 압도적인 군사력이 마법처럼 사라져버린 것도 아니었다. 그보다는 사용 가능한 데이터 양이 정보의 질을 바꾸어버린 것 같았다. 스케일이 신호를 노이즈로 바꾸어버린 것이다.

버밀러의 기사는 파워포인트를 정보 전달 창구로 사용하는 것의 위험성에 초점을 맞추었지만, 매크리스털의 비꼬는 농담은 그래픽 정보 자체의 본질을 대상으로 한 것이 분명했다. 그 다이어그램에 사려 깊은 통찰이 없는 것도 아니었고, 아프가니스탄 현장의 상황이 극악무도하게 복잡하지 않다고 주장하는 사람도 거의 없었다. 하지만 이 경우에는 전체가 부분의 합보다 너무나 커서 전체 다이어그램이 작전에 도움이 되지 않았다. 적어도 매크리스털의 농담은 그런 의미에서 나온 것이었다. 다이어그램이 너무 상세해 인지적 부담이 너무 큰 나머지 인지 기능이 마비될 지경이었다. 받아들이기에는 너무 많은 정보였다. 그리고 인과관계나 힘을 가리키는 화살표가 분명하지 않아서 깊은 분석적 통찰이 어려웠다. 지나치게 구체적인 동시에 지나치게 일반적이었다.

"우리가 이 슬라이드를 이해하는 날, 전쟁에서 승리할 거야." 매크리스털 장군의 21세기 전쟁 상황에 대한 이 한마디는 시스템의 스케일이 변화할 때 나타나는 한 가지 특징을 소름 끼치도록 잘 보여준다. 이 경우 다이어그램의 정보와 선의 수가 급속도로 불어나 '문제'가 근본적으로 바뀌었다. 매크리스털 장군이 지적한 아이러니는, 모든 것을 다이어그램에 표현하려는 설계자들의 열망이 문제를 근본적으로 바꾸어놓았다는 것이다. 전략적으로 (그리고 정보 전달 디자이너의 관점으로는) 다이어그램을 만드는 목적은 새로운 가능성이 스스로 드러날 정도의 스케일로 문제의 복잡성을 단순화하는 것이다. 이 다이어그램을 만든 사람들이 해결하지 못했던 것은, 시스템의 규모가 커지고 변화하면 갑자기 '형태'가 바뀔 수 있다는 것이다. 슬라이드가 전쟁이 되고, 작전계획이 적이 된다.

인공물과 시스템의 스케일이 변화하면 그 작용을 예측하는 우리의 능력에 혼란이 나타날 수 있다. 이는 우리가 일상적으로 마주치는 것의 양이 급속도로 커지면(수백만 개의 파일, 수십억 명의 사람, 조 단위의 돈) 이해하는 데 어려움을 겪는 이유를 부분적으로 설명해준다. 시스템이 순차적이고 예측 가능한 것에서 비순차적이고 예측 불가능한 것으로 성장하면 맥락을 이해하는 우리의 역량은 곧 불안정해진다.

스케일이 바뀌면 문제가 바뀐다-사례 1: 개미

1968년, 오스트리아의 식물생물학자 프리츠 벤트Frits Went는 개미와 인간, 그리고 스케일의 변화로 인한 영향을 주제로 한 사고 실험을 발표했다. 〈아메리칸 사이언티스트〉라는 과학 잡지에 실린 '인간의 크기The Size of Man'라는 글에서 벤트는 개미의 미시적 세계와 인간의 거시적 세계에서 나타나는 물리적 가능성을 비교하여 스케일과 행동 사이의 매혹적인 관계를 탐구했다. 비율은 유지한 채 스케일만 줄이는 식으로, 인간에게 적용한 물리학 법칙을 똑같은 방식으로 개미에게 적용하는 것이 무난한 가정일 것이다. 하지만 벤트는 그러한 생각이 얼마나 잘못된 것인지 보여준다.

개미가 읽는 법을 배울 수 있을까? 이 문제에 대한 답은 개미에게 글을 읽는 고도의 능력을 터득할 만한 지적 능력이 있다고 믿는지 여부에 달려 있는 것 같다. 물론 개미는 개별적인 수준에서는 비교적 단순하지만, 집단으로서는 놀라운 행동을 보여준다. 하지만 진짜 문제는 그게 아니다. 벤트에 따르면 문제는 스케일이다. 개미가 글을 읽을 수 있을 정도로 책의 크기가 작아지면 페이지 사이의 분자 결합이 너무 강해져 개미가 책장을 넘길 수가 없다는 것이다. 바꿔 말해, 스케일이 바뀌면 문제가 바뀐다. 벤트는 이어서 다음과 같이 설명한다. "게다가 글자 크기가 수천 분의 1로 작아지면, 1마이크로미터 이하는 선명하게 보이지 않는 가시광선의 특성 때문에, 글자를 볼 수 있는 한계에 다다르고 만다. 개미가 정보를 기록하고 싶었다면, 아시리아인들처럼 석판을 사용해야 했을 것이다. 그러나 개미는 돌의 표면에 문자를 새길 수 없다. 개미의 크기에 맞는 해머는 운동에너지를 담기에는 비효율적이니까 말이다."[1]

개미 정도의 크기에서는 물방울로 외골격에 묻은 먼지를 닦아낼 수 없다. 물의 표면장력이 너무 세서 물방울이 개미의 몸에 부딪쳐

튕겨 나오기 때문이다. 대신 개미의 다리에 작은 갈고리와 미늘이 있어 높은 곳을 올라가거나 먼지를 비롯한 기타 물질을 떼어낼 때 사용한다. 개미는 커피(표면장력이 너무 세서 액체를 따를 수 없다)나 담배(불꽃의 크기는 줄어들지 않기 때문에 개미가 불꽃에 충분히 가깝게 다가갈 수 없다)를 즐기거나, 옷을 입을 수도 없다(접착력 때문에 옷을 벗을 수가 없다).

전체적으로 벤트가 주장하는 것은 물리법칙은 유기체의 상대적인 크기에 따라, 스케일에 따라 가능성을 다르게 결정한다는 것이다. 그가 주장하길, 모든 유기체는 크기와 질량의 비율에 따라 그 역량이 제한되며, 세상을 살아갈 수 있는 생명체의 역량은 기능적으로 스케일(규모)에 달려 있다. "인간이 지금보다 키가 두 배 크다면 추락할 때 인간의 운동에너지가 너무 커져서(보통 크기일 때보다 32배 이상) 직립보행을 하는 것이 위험해질 것이다."[2] 여기에 덧붙여, 그는 스케일이 달라지면 적용할 물리법칙의 유형을 다시 생각해야 한다고 주장한다. 벤트에 따르면, 인간은 고전역학, 즉 뉴턴의 법칙이 적용되는 영역에 존재한다. 이러한 스케일에서 몸이 경험하는 물리적인 영향은 주로 중력의 법칙에 의존한다. 반면에 개미는 분자 및 열역학의 속성에 더 큰 영향을 받는데, 이는 뉴턴이 말하는 힘과는 상당히 다르다. 벤트의 사고 실험은 스케일 변화에서 놀랄 만한 결과가 나올 수도 있다는 것을 보여준다. 물리학자들은 이러한 현상(스케일 변화에 따라 시스템의 작용이 변화하는 경우)을 '스칼라 분산

scalar variance' 혹은 '스칼라 비대칭scalar asymmetry'이라고 부른다.

사례 2: 애벌레와 나비

이러한 상변화phase change는 얼마나 근본적인 변화일까? 나비의 변태에 대해 생각해보자. 번데기나 고치 안에서는 무슨 일이 일어날까? 변태 도중 번데기를 절개하면 육안으로 볼 수 있는 것은 애벌레도 아니고 나비도 아니고 둘의 기이한 혼성체도 아닌, 찐득찐득한 물질일 뿐이다.[3] 애벌레 같은 유기체의 생활 주기는 유전적으로 결정된 성충의 크기와 질량에 이를 때까지 먹고 성장하길 반복하는 것이다. 즉, 이러한 유기체들의 성장은 예측 가능하다. 하지만 정해진 기준치에 도달하면, 호르몬이 분비되기 시작하고, 유전자가 영향을 미치기 시작하여 전과 다른 상변화가 시작된다. 그 과정은 애벌레가 나뭇잎 등의 표면에 거꾸로 붙은 다음, 고치를 치거나 허물을 벗고 번데기가 되면서 시작한다. 외피가 형성되면 애벌레는 효소를 배출해 자신의 조직과 기관을 용해함으로써 끈적끈적한 액체 상태가 된다. 그러한 액체 상태의 물질 안에서 이리저리 움직이는 것은 성충판이라 불리는 급속도로 분열하는 세포의 작은 집합체로, 날개, 더듬이, 다리, 눈, 생식기 등을 비롯한 성충을 구성하는 부위의 원구조proto-structure가 된다.

생물학자 마사 와이스Martha Weiss는 연구 팀과 함께, 이 기적과도 같은 변태 과정의 놀라운 면모를 밝혀냈다. 와이스 연구 팀은 부정적 자극에 대한 조건반응의 신경 지속성을 테스트했다. 바꿔 말해, 애벌레를 고약한 냄새를 풍기는 아세트산에틸에 노출시키면서 경미한 전기 충격을 가해 부정적 조건반사를 일으키게 했다. 정말로 애벌레들은 이러한 노출을 통해 학습을 했다. 냄새가 나지 않는 방과 아세트산에틸 냄새가 나는 방 중에 선택하게 하는 테스트에서 아주 높은 비율(78퍼센트)로 애벌레가 냄새 없는 방을 선택했다. 변태가 일어난 후에, 연구원들은 나비에게 (전기 충격과 부정적으로 연관된) 고약한 냄새가 나는 방과 냄새가 나지 않는 방 중에 선택권을 주는 똑같은 테스트를 했고, 나비들은 애벌레 때와 거의 일치하는 비율(77퍼센트)로 아세트산에틸이 없는 방을 선택했다. 어찌된 일인지 애벌레 자체는 끈적거리는 상태의 액체가 되었음에도 애벌레 때의 기억은 남아 있었다.[4]

완전변태를 하는 유기체에서 기억이 지속되는 것은 정말 놀라운 일이지만, 더 놀라운 것은 거시적 수준에서 일어나는 근본적인 변화이다. 나뭇잎을 씹어 먹으며 기어 다니던 통통한 애벌레가 우아하게 춤을 추고 꿀을 마시는 하늘의 정령이 되어 나타나는 것이다. 정확히 어떻게 되는 것인지는 모르겠지만, 유충에서 성충이 되도록 프로그램된 세포는 유충이 녹아 거의 사라지게 만들고, 완전히 새로운 유형의 존재로 재구성시킨다. 그리고 스케일이 바뀌자 시스템의 작동 방식도 바뀐다. 비록 감각 기억이 기적처럼 남아 있지만, 처음에는 애벌레였던 것이 먹이와 유전자에 의해 근본적 변이가 일어나 원래 자신의 모습과 전혀 다른 유기체가 된다. 개미나 나비 모두 스케일의 변화를 보여준다. 시스템이나 시스템 내 요소들의 스케일이 변화하면, 실재의 본질은 예측할 수 없는 방식으로 변화한다.

사례 3: 원자와 인간

애벌레나 개미보다 스케일을 더 낮추면, 물질의 작용은 더욱 놀라워진다. 양자 수준에서의 물리학 원리인 중첩superposition은 특정한 규모의 크기(구체적으로 양자 수준)에서는 입자들이 동시에 두 장소에 존재할 수 있거나, 거리가 떨어진 곳에서도 상태를 공유할 수 있음을 시사한다(비록 새롭지는 않지만, 너무나 놀랍고 강렬한 인상을 주는 발견이다). 1930년대 이후 과학자들은 양자 수준에 가까이 가면 사물이 매우 이상하게 행동할 것이라고 가정했다. 납득이 가지 않았던 아인슈타인은 이러한 가정을 무시하며 "유령 같은 원격작용spooky action at a distance"이라고 불렀지만, 최근의 발견은 아인슈타인이 틀렸다는 사실을 증명했다. 하지만 이러한 기이한 행동은, 거의 보이지 않고 상상할 수 없는 수준까지 인지의 스케일을 낮췄을 때만 나타난다. 짐 알칼릴리Jim Al-Khalili와 존조 맥패든Johnjoe McFadden, 이들은 양자역학의 세계뿐만 아니라 새롭게 등장한 양자생물학 분야까지 탐구하는 과학 저술가들로, 이 문제를 다음과 같이 묘사한다.

> 양자역학이 온갖 불가사의한 현상이 나타나는 원자의 행동을 그토록 아름답고 정확하게 묘사할 수 있다면, 왜 우리를 포함한 주변의 모든 사물(역시 이러한 원자로만 구성되었다) 또한 두 장소에 동시에 나타나거나, 벽을 통과하거나, 공간의 제약 없이 소통할 수 없는 걸까? 한 가지 분명한 차이는 양자 법칙은 단일한 입자나 소수의 원자만으로 구성된 시스템에 적용되는 반면, 훨씬 큰 물체들은 다양하고 복잡하게 결합된 무수히 많은 원자로 구성되어 있다는 것이다. 어찌되었든, 우리가 이제야 이해하기 시작한 정도에서는 시스템이 커질수록 양자역학의 불가사의함은 빠르게 사라져 결국 (물리학자들의 표현을 빌리자면) '고전적인 세계'의 친숙한 법칙을 따르는 일상적인 물건에 이르게 된다.[5]

인간은 양자 수준의 신기한 법칙을 즐기기에는 너무 크고, 어수선하며, 복잡해 보인다. 하지만 인간이 양자 중첩의 이점을 누리지 못한다고 해서 다른 생물도 반드시 그런 것은 아니다. 리통창Tongcang LI과 인장치Zhang-Qi Yin는 최근 분자 수준에서 박테리아를 알루미늄 막에 착생시켜 양자 중첩 상태가 되면 어떤 일이 벌어지는지 살펴보는 계획을 발표했다. 콜로라도 대학교의 연구원들은 이미 알루미늄 막을 양자 상태로 만들었다. 미생물의 크기는 알루미늄 막보다 상당히 작아서, 그들은 다음 실험에서 수수께끼 같은 양자의 힘에 영향을 받은 생물에게 어떤 일이 벌어지는지 밝혀낼 수 있기를 기대하고 있다.[6]

얽힘entanglement은 양자물리학자들이 어떤 입자가 그것의 이중 양자quantum double와 물리적 관계를 유지하는 기이한 상황을 묘사할 때 사용하는 단어인데, 스케일과 우리의 복잡하고 진화하는 관계를 이보다 더 잘 묘사할 단어도 별로 없다. 산이나 나무, 코끼리, 곰, 인간, 고양이, 벼룩, 진드기의 수준에서 불가능한 것이 박테리아의 수준에서는 상상 가능하며 실증적인 테스트를 할 수도 있다.

디지털 세계에 나타난 스케일 감각의 작은 균열

우리가 세상에서 맞닥뜨리는 것들은 물리적 산물(먼지 혹은 산)이든, 비물질적 힘(바람이나 빛)이든, 혹은 개념(문제나 기회)일지라도 모두 크기가 있다. 예를 들어, 우리는 업무 압박이 늘어나는 것을 인지한다. 우리는 바깥 공기의 온도 변화나 자동차 타이어의 압력을 측정하는 것과 비슷하게 일상의 경험에서 상대적인 업무 압박을 평가하는 내적 기구 같은 것을 만들어왔다. 우리는 이러한 감지할 수 없는 압력이 증가하고 감소하고 스케일이 변화하는 것을 명백히 감지한다. 하지만 우리가 지각하는 것들의 스케일이 변화할 때, 늘 정해진 규칙과 법칙을 따르는 것은 아니다. 특히 디지털화된 세상일수록 더욱 그렇다.

예를 들어, MS워드에서 문서를 미국 표준 편지 용지 크기인 8.5인치×11인치로 설정한다고 해보자. 그러면 내가 무엇을 쓰건, 화면에 나오는 모습 그대로 8.5인치×11인치 용지 규격에 맞추어진다. 이러한 혁신(위지위그WYSIWYG, 즉 "보이는 대로 인쇄된다what you see is what you get") 덕분에 초보 사용자들도 컴퓨터를 가까이 하게 되었으며, 디지털 세상과 물리적 세상 사이에 튼튼한 다리가 생겼다. MS워드는 또한 컴퓨터 화면에서 500퍼센트에서 10퍼센트까지 다양한 크기로 확대하거나 축소할 수 있어서, 문서 양식과 간격을 확인해보거나 전체 페이지가 인쇄되었을 때 어떻게 보이는지 알 수 있다. 만일 8.5인치×11인치 문서를 100퍼센트로 확대하여 보기로 한다면, 컴퓨터 화면에서 문서는 얼마나 크게 보일까? 당연히 8.5인치×11인치여야 하지 않을까? 하지만 자를 가져와 내 15인치 노트북 화면의 '문서' 창을 측정하면, 이 화면에서는 8.5인치×11인치의 100퍼센트가 6.25인치×8.125인치라는 것을 알게 된다. 8.5인치×11인치 문서의 100퍼센트 측정값은 컴퓨터 모니터의 크기와 해상도에 따라 달라지는 것이다. 아주 작은 차이이지만 우리의 인지 세계를 다시 쓰고 있는 스케일과의 관계에 무언가가 끼어들었다. 비록 상대적으로 중요하지 않고 사소하게 보이긴 하지만 말이다.

이러한 인지의 스케일 얽힘 현상은 데스크톱 환경에서 이미지를

그림 17 동일한 이미지처럼 보이는 두 이미지의 픽셀 스케일은 상당히 다르다.

자주 편집하는 사람들에게 흔히 일어난다. 누구나 위의 두 버섯 이미지가 똑같다고 말할 수 있을 것이다. 가까이 보더라도 차이를 식별할 수 없다. 하지만 왼쪽에 있는 이미지는 600×600픽셀이고, 오른쪽 이미지는 2544×2544픽셀이다. 우리의 감각으로는, 컴퓨터가 매개된 환경의 시각적 공간에서는 두 이미지가 동일하다. 실제 크기로 인쇄할 경우, 한쪽은 우표 정도의 크기이고 다른 한쪽은 작은 포스터만 한 크기이다.

화면으로 보이는 이미지 공간과 현실의 이미지 공간 사이에는 근본적인 인지적 차이가 존재한다(MS워드 문서의 경우와 마찬가지다). 컴퓨터를 이용해서 일하는 디자이너들은 늘 이 문제 때문에 고민한다. 예를 들어, 포스터를 디자인한다고 할 때, 화면상 문서의 비율을 맞추는 것과 똑같은 파일을 인쇄해서 벽에다 붙였을 때 어떻게 보이는지는 상당히 다른 문제다. 페이지 레이아웃을 전체적으로 비율과 관계를 유지하며 축소한다 해도, 실제 크기의 실물로 보게 되면 눈은 질적으로 다르게 지각한다. 이러한 각각의 예에서(표기와는 다른 크기의 MS워드 문서, 같은 동시에 다르기도 한 포토샵 이미지), 우리는 컴퓨터가 매개하는 환경이 우리의 일상적 경험을 뒷받침하는 지각 단서를 근본적으로 바꾸어놓았다는 것을 알 수 있다. 이러한 사례에서 나타나는 왜곡이 인생을 바꾸는 것은 아니지만, 비트와 원자 사이의 혼재된 공간에서 점점 더 많은 시간을 보내면서 우리의 지각 능력에서 일어나는 미묘한 변화를 가리키고 있다.

디지털 시장이 만들어낸 새로운 가치

디지털의 비물질성은 단지 주변 사물에 대한 감각지각에만 영향을 미치는 것은 아니다. 그것은 또한 우리의 경제가 가치를 창출하고 순환하는 방식도 변화시킨다. 전자 전쟁이 등장하면서 나타난 근본적인 비대칭과 불균형은 디지털 시장에서도 나타날 것이다(경제도 일종의 전쟁이다). 사소한 것이 상상할 수도 없을 만큼 강력해지고, 쓸모없는 것들이 소중해질 것이다.

2010년, 〈와이어드〉의 전 편집장 크리스 앤더슨Chris Anderson은 《프리: 비트 경제와 공짜 가격이 만드는 혁명적 미래Free: How Today's Smartest

Businesses Profit by Giving Something for Nothing》라는 책을 출간했다. 이 책은 정보 네트워크의 부상과 디지털의 높은 재현성이 빚어낸, 상대적으로 새로운 유형의 경제 상황의 발전을 추적한다. 앤더슨은 무어의 법칙(처리 속도가 2년마다 두 배 빨라진다는 예상)에 따라 기술력 혁신은 또한 디지털 경제의 주요 세 구심점인 처리 능력, 대역폭, 디지털 저장소의 비용을 낮췄다고 주장한다. 실제로 각각의 비용이 급격하게 하락하여 디지털 재화를 만들고 배포하고 저장하는 비용이 0에 가까워졌으며, 어떤 경우에는 비용이 전혀 들지 않는다. 비용이 실제로 0인지 여부에 관계없이, 무시해도 괜찮을 만큼 비용이 적다. 이러한 무한대에 가까운 공급은 많은 비즈니스 전략의 원리를 뒤집어놓았다. 기업들은 거의 공짜에 재화와 서비스를 제공하면서도, 늘어난 트래픽 양과 많은 사용자로부터 수집한 데이터를 통해 엄청난 가치를 만들어낼 수 있다.

과거에도 공짜는 있었다고 앤더슨은 지적한다. 슈퍼마켓 주차장은 공짜로 사용할 수 있다. 휴대폰 회사는 휴대폰을 공짜로 나눠준다. 하지만 이러한 사례에는 공짜를 가능케 하는 '교차보조'가 존재한다. 식료품 가격이 주차비만큼 높아지고, 휴대폰 비용이 사용하는 동안 분할 납부되는 것이다. 라디오와 텔레비전 서비스는 20세기 전반에 걸쳐 공중파를 통해 대중에게 무료로 제공되었지만, 광고주와 광고대행사가 그 비용을 지불했다. 그리고 그 광고비는 상품의 부가비용에 들어가 있다. 하지만 앤더슨이 지적하듯, 비트 세계의

공짜는 원자 세계 시장에서의 공짜와는 완전히 다른 종이다.[7]

예를 들어, 구글은 막대한 재화와 서비스(검색에서 문서 작성, 이메일 플랫폼을 비롯하여 유튜브 콘텐츠와 이미지 저장 공간에 이르기까지)를 대가 없이 제공한다. 하지만 구글은 (클릭을 통한 광고를 발명하는 형태로) 광고주들을 제3자로 끌어들임으로써 사용자에게 광고 영역을 판매할 방법을 찾아냈다. 구글은 소비자에게 한 푼의 비용도 요구하지 않으면서 수십억 달러 규모의 기업을 일구어낸, 경제적으로 주목할 만한 성공 사례이다. 그들은 주목attention을 통화로 삼았다. 그처럼 대단히 인기 있는 서비스를 만들면서, 사용자 데이터를 긁어모아 수익까지 올린다. 구글은 경쟁사들보다 한 수 위였다고 앤더슨은 주장한다. 그들은 웹의 크기가 커지면서 성능이 뛰어난 검색 알고리즘을 만들었지만, 경쟁사들은 사용량이 증가하자 비용 증가에 직면했던 것이다. 구글은 비용을 크게 늘리지 않고도 사용자의 수에 맞게 스케일을 조절할 수 있었다(그리고 다른 방법으로 매출을 올릴 수 있었다). 앤더슨은 "다수의 힘으로 비용은 눈에 띄게 감소하면서 비슷한 수준의 가치를 유지한다"고 말한다.[8]

그는 얼터너티브 밴드 라디오헤드가 전통적 방식으로 음반을 파는 대신, '공짜' 경제라는 새로운 방식을 선택했던 사례를 언급한다. 라디오헤드는 기존의 소매상과 유통 채널을 이용하는 대신, 인터넷에서 직접 팬에게 팔기로 했다. 누구나 그들의 앨범 〈무지개In Rainbows〉를 다운로드할 수 있었으며, 돈을 내지 않아도 된다고 생각하면 안 내거나 내고 싶은 만큼 낼 수 있었다. 공장에서 찍어내야 하는 LP나 CD와는 다르게 디지털 파일을 재생산하는 데에는 비용이 거의 들지 않는다. 실제로 들어가는 비용은 대역폭과 저장 공간, 앨범을 팔 FTP 사이트 호스팅 비용밖에 없고, 이 모든 걸 다 더해도 얼마 되지 않는다. 〈무지개〉 앨범은 300만 번 이상 다운로드되어 결과적으로 라디오헤드의 앨범 중 가장 상업적으로 성공한 앨범이 되었으며, 기존의 유통 방식을 따랐던 이전 앨범보다 더 많은 돈을 벌어들였다.[9]

이러한 사례에서 스케일의 증가나 감소에 비례해 단순히 경제 규모가 커지거나 줄어드는 것이 아니라, 경제 규칙이 전체적으로 다시 쓰이고 있다. 그리고 구글과 라디오헤드의 경우 모두, 제3자 접근을 통해서든(구글의 애드센스), 앨범을 구입하며 좋아서 혹은 양심에 따라 내고 싶은 만큼 돈을 지불하는 방식을 통해서든, 돈이 오갔다. 구글은 여전히 그들의 상품을 무료로 제공하여 가치를 창출하는 방법을 찾고 있다.

하지만, 위키피디아는 경제적으로 다른 이야기이다. 오로지 자발적 참여자의 열정적이고 헌신적인 노력을 통해 만들어진 위키피디아는 비할 데 없는 양질의 공짜 노동력을 동원하여 무료 백과사전을 만들어냈다. 왜 수천 명의 사람들은 돈도 받지 않으면서 현실적으로 전례가 없는 제품을 만드는 데 자신의 시간과 에너지, 지혜를 기부한 것일까?

앤더슨은 위키피디아의 급부상과 지속적인 성공에는 두 가지 힘이 작용한다고 주장한다. 첫째로, 무엇보다 자발적 노동이 행위자들에게 가치를 제공한다. 하지만 금전적인 보상은 아니다. 대신 그들은 공동체, 개인적 성장, 자신만의 인지 잉여 배출이라는 세 가지 동인을 통하여 자아 의식을 고양시킨다. 바꿔 말해, 직장 상사가 시킨 일에 그다지 방해가 되지 않고(인지 잉여), 흥미로운 주제에 관해 글을 쓰고 논쟁을 벌이면서 뭔가를 학습하며(개인적 성장), 노력한 결과 공동체 내부에서의 지위가 치솟는다(공동체). 이들이 주디 갈런드의 팬이든, LED 카시오 시계 수집가든, 미국의 이라크 침공을 역사가 어떻게 바라볼 것인지에 영향력을 행사하려는 목소리이든, 이들의 노력은 가치를 생산한다. 그저 지금까지 우리가 잘 아는 경제적인 가치가 아닐 뿐이다.

위키피디아의 성공을 설명해주는 두 번째 힘은 바로 위키피디아의 스케일에서 찾을 수 있다. 그 스케일이 무척 크기 때문에 위키피디아를 성공적으로 구축하는 데 사용자의 극히 일부만 참여해도 된다. 여기서도 마찬가지로, 사용자 기반의 스케일이 커지면 새로운 형태의 가치 사슬이 생성된다. 앤더슨은 위키피디아의 전체 독자 만 명 가운데 한 명꼴로 저자로 참여했을 것으로 추산했는데, 전 세계 누구나 자유롭게 사용할 수 있기 때문에, 위키피디아의 사용자 기반은 어마어마하게 넓다. 전체 집단의 수가 매우 크다면, 아주 작은 일부라도 놀랄 정도로 큰 숫자일 수 있다.[10] 앤더슨은 독자들에게 (고

전경제학 이론이 제시하는 것처럼) 희소성의 관점이 아니라, 인터넷이 낳은 새로운 '풍요의 경제economy of abundance'의 관점으로 생각해야 한다고 충고한다. 물건의 가격이 공짜가 되면, 다른 곳에서 새로운 가치가 나타난다고 그는 반복해서 주장한다. 바꿔 말하자면, 스케일이 변화하면 문제 혹은 기회도 변화한다. 그로 인한 소득은 새로운 가치가 나타날 곳을 예측해 가장 먼저 그곳으로 가는 현명한 사람에게 돌아간다.

앤더슨은 자신이 책에서 기술하는 원칙을 활용하려는 노력의 일환으로, 출판사에 자신의 책을 무료로 출판할 것을 설득했다. "작가의 적은 불법복제가 아니라 무명으로 남는 것이다"라는 인터넷 출판인 팀 오라일리Tim O'Reilly의 조언에 따라, 앤더슨은 이 기이하고 새로운 경제에 관하여 자신이 직접 알아낸 규칙을 따르는 출판 전략을 개발하도록 출판사를 독려했다.[11] 출간된 책은 전체를 전자책 도서관 스크리브드Scribd와 구글 북스Google Books에서 무료로 읽을 수 있었다. 책 전체를 다운로드하거나 인쇄할 수는 없었지만, 아홉 페이지 분량의 요약본은 다운로드할 수 있었다. 여기서 생경한 것은 전체 오디오북은 다운로드할 수 있지만, 오디오북 요약본을 다운로드하려면 7.49달러를 지불해야 했다는 점이다.[12] 풍요의 경제로 인해 고전경제학의 가치가 훼손되었기에, 앤더슨과 그의 출판사는 어디에서 가치가 나타날 것인지 알아내기 위해 가격을 왜곡시켰다. 오디오북 요약본의 가격으로 미루어보건대 분명히 '시간은 돈이다'라는 계산을 했을 것이고, 출판사는 화제에 오르기 위해 제한된 시간 동안 무료 버전을 제공했을 것이다. 하지만 마찬가지로 명백한 점은 막대한 규모의 네트워크와 곤두박질치는 생산, 유통, 저장 비용이 우리에게 익숙한 가치를 파괴하고 있다는 것이다.[13]

데이터가 '빅데이터'가 될 때 생기는 변화들

어떻게 해서 데이터가 커졌을까? 우리는 데이터의 영역에서 이러한 시스템 수준의 상변화를 마주하게 된다. 그리고, 여기서 다시 스케일의 변화로 인한 예상치 못한 (지식과 통찰, 통제에 관한) 새로운 형식이 탄생한다. 빅데이터big data라는 말은 분명 스케일에 대한 묘사이다. 데이터에서 빅데이터로의 진화는 정보가 어떠한 방식으로 질적 변화를 겪었는지를 보여준다. 혹은 빅데이터의 전도사들은 우리로 하여금 그렇게 믿게 만든다.

빅데이터는 보기에 따라 더 많은 데이터 그 이상의 것이다. 대부분의 사람은 아마존이라는 회사를 세면도구, 장난감, 전기톱, 포도에 이르기까지 물건을 파는 판매자로 생각한다. 아마존의 서비스는 상품 판매에서 직접 텔레비전 콘텐츠를 제작하여 스트리밍하는 데까지 확장되었다. 또한 스마트폰과 태블릿, 전자책 리더기를 설계하고 제조하기 시작했다. 월마트, 시어스 로벅Sears Roebuck and Co. 같은 기존의 오프라인 소매 경쟁사들이 그 전까지 그랬던 것처럼 아마존은 디지털 유통 분야를 지배했지만, 역사적으로 대부분 적자 상태였다. 하지만 그 과정에서 아마존은 소매 분야에서는 적자가 나거나 본전도 하기 어렵더라도 재정적으로 다른 중요한 일이 있음을 인식했다.

2015년 10월, 당시 아마존 웹서비스는 아마존 매출의 8퍼센트를 차지했지만, 영업이익의 52퍼센트를 차지했고, 아마존 클라우드 사업에서 나오는 이익은 나머지 부서의 이익을 모두 합친 것을 앞질렀다.[14] 바꿔 말하자면, 아마존에서 가장 빠르게 성장 중이고 가장 수익성이 높은 부문은, 드론을 이용하여 기저귀를 배달하는 것이 아니라 웹서버 용량과 비즈니스 인프라를 제공하는 것이라는 뜻이다. 아마존은 스토리지와 데이터 관리가 데이터 중심 경제의 핵심 서비스라는 사실을 인지했고, 세계 곳곳에 외지고 날씨도 추운 곳(서버에서 나오는 엄청난 양의 열로 인해 기후가 찬 곳에 있으면 비용이 줄어든다)에 대규모 서버 운영 시설을 구축하여, 그 분야에서 초기부터 선두를 달렸다. 이런 식으로 사업을 구축한 이유가 데이터 문화와 관리에서 나타난 스케일 변화의 핵심이다.

가치의 새로운 형식은 데이터와 빅데이터를 구별한다. 우리가 익히 알듯 그러한 가치는 경제적 대가나 통찰, 더 좋은 서비스, 고도의 개인화, 엄중한 감시 등의 형태로 나타날 수 있다. 예를 들어, 과거 구독자의 집에 DVD를 우편으로 보내주는 것이 핵심 사업이었던 넷플릭스는 구독자들이 어떤 장면에서 일시 정지를 했는지, 되감기를 했는지, 빨리감기를 했는지, 감상을 포기했는지 같은 상세한 정보와 더불어 사용자들의 호불호에 대한 정보를 가지고 있다는 사실을 인지했다. 넷플릭스는 긁어모은 하루 평균 약 3000만 번의 재생 정보를 이용하여 (그 데이터를 통해서 얻어낸) 잘 알려진 세 가지 성공 요건을 기반으로 한 미국판 〈하우스 오브 카드House of Cards〉라는 스트리밍 시리즈를 기획하여 대성공을 거두었다. 그 세 가지는 감독 데이비드 핀처David Fincher, 배우 케빈 스페이시Kevin Spacey, 영국 정치 드라마 〈하우스 오브 카드〉였다. 넷플릭스는 그들의 콘텐츠가 성공할 것인지 예측하기 위해서, 혹은 적어도 위험 요인을 제한하기 위해 데이터를 이용했던 것이다. 넷플릭스의 데이터 분석가들은 구독자가 무엇을 좋아하고 무엇을 좋아하지 않는지 상세하게 알았다. 비록 구독자들이 인정한 선호도가 아닌 실제 행동과 무의식적인 행동의 총합을 기반으로 한 것이지만 말이다.

빅데이터와 빅데이터 관련 문화는 여전히 걸음마 단계일 뿐이라, 이런저런 성장통을 겪고 있다. 예를 들어, 피트니스 문화가 확대되면서 많은 사람이 손목에 신체 데이터를 추적하는 밴드를 착용하고 다니며, 걸음 수나 심장박동 수 등 여러 가지 개인 건강 데이터를 기록한다. 이런 밴드를 착용하는 사람들은 대부분 스트라바Strava의 회원이기도 하다. 스트라바는 자신이 달린 지역과 기록을 표시해주는 디지털 서비스다. 스트라바를 이용하면 자신이 달렸던 곳을 지도로 저장하고 관련 데이터(심장박동 수, 경로, 달린 시간, 지형 변화 등)도

저장할 수 있다. 그러한 지도를 사용자들이 스트라바에 공개하면, 다른 사용자가 동네에서 새로운 달리기 코스를 파악하거나, 외국에 가 있을 때에도 최고의 달리기 코스를 달릴 수 있다. 2017년, 스트라바는 사용자들이 애플리케이션을 사용하여 지도화한 모든 코스를 담은 '히트맵heatmap'을 공개하기로 했다. 제품 및 서비스 생태계에 재기 발랄한 혁신이 나타나길 바라며 보물 같은 정보를 사용자와 애플리케이션 개발자에게 공개하기로 한 것이다. 스트라바는 이렇게 발표했다. "이 업데이트에는 이전보다 여섯 배나 많은 데이터, 즉 2017년 9월 동안의 모든 스트라바 데이터에서 나온 총 10억 가지 활동이 포함된다. 우리의 글로벌 히트맵은 가장 크고 풍부하며 아름다운 데이터 집합이다. 스트라바 사용자의 국제적 네트워크를 직접 시각화한 것이다."

그들이 예상하지 못했던 것은 더 넓은 세상에 데이터를 공개하면 국가 안보 문제가 일어난다는 것이었다. 건강 데이터를 기록하고 종합하는 것은 좋은 아이디어 같았지만, 알고 봤더니 미 육군에서도 수백만 병사의 전반적인 건강을 살피고 궁극적으로는 건강 상태를 개선하기 위해 일부 남녀 군인들에게 데이터를 기록하는 장치를 구비해주었다. 모든 사용자의 활동을 글로벌 히트맵에 기록하는 과정에서, 스트라바는 미군 비밀 기지의 위치와 내부 활동을 노출시키고 말았다.[15] 설상가상으로 개인들이 움직인 경로를 따라가면 구체적으로 신원 파악도 가능했다. 몇몇 미군 기지는 이미 구글 지도나 애플 지도에서 찾을 수 있었지만, 전부는 아니었다. 예를 들어, 아프가니스탄에서 비밀 "기지 자체는 구글 지도나 애플 지도 같은 상용 서비스 제작자가 제공하는 인공위성 시점에서는 찾아볼 수 없지만, 스트라바를 이용하면 명확하게 보인다". 일반적으로 병사들은 기지에서만 운동을 하도록 제한되었기 때문에, 가장 잘 달릴 곳을 찾아 기지 주변을 돌면 기지 경계에 뚜렷한 선이 그려지게 되었다. 이처럼 틈이 생기자, 미군은 또 다시 개인정보보호와 병사들이 가지고 있는 활동 추적기, 태블릿, 컴퓨터, 스마트폰 등과 관련한 정책을 재고해야만 했다. '포켓몬 고' 게임을 하거나, 포스퀘어Foursquare에 등록하거나, '스마트' 텔레비전(대화를 모니터할 수 있다) 앞에서 민감한 대화를 나누는 동안 민감한 위치 데이터가 노출되었을 때와 마찬가지였다.[16] 하나의 피트니스 활동 추적기에 수백만 명의 데이터가 더해지자 첩보 도구로 둔갑할 줄 알았던 사람은 없었을 것이다.

빅데이터의 본질

빅데이터는 왜 "크고, 많고, 아름다울까"? 빅데이터의 정의는 무수히 많다. 그리고 그러한 정의들은 모두 빅데이터라는 현상에 관한 예상치 못한 무언가를 드러낸다. 많은 사람에게 빅데이터의 개념은 단순한 선형 스케일 문제 때문에 나타났다. 데이터 과학자들은 너무 방대해서 엑셀이 감당하지 못하는 데이터가 빅데이터라고 농담처럼 말한다. 즉, 엑셀이 감당하지 못할 만큼 관계형 데이터베이스의 크기가 크고 데이터 집계·저장·분석 내용이 엑셀의 스프레드시트 수준을 넘어선다는 것이다. 빅데이터라는 용어가 많이 사용되기 꽤 오래전인 2001년, 데이터 관리 분석가 더그 레이니Doug Laney는 오늘날에도 많이 사용되는 '3V'라는 말을 만들어냈다. 양volume, 속도velocity, 다양성variety을 가리키는 말로 새롭게 융합되어 나타난 데이터 벡터들의 특징을 뜻했다.[17] 전자 상거래와 데이터 스토리지의 증가에 대하여, 레이니는 데이터가 폭발적으로 늘어나는 상황을 정확히 진단했다. 데이터 양이 커지고, 속도가 더 빨라지고, 데이터베이스가 공통된 형식이나 의미론적 구조를 가지지 않을 것이라고 말이다. 훗날 2011년, 시장조사업체 IDC는 네 번째 V인 '가치value'를 추가하여 레이니가 묘사한 특징을 수정했다. "빅데이터 기술은 방대한 크기의 다양한 데이터를 고속으로 검색, 발견, 분석하여 경제적 가치를 추출하도록 설계된 새로운 세대의 기술과 구조를 설명한다."[18] 이러한 개념에서 가치는 크기, 즉 스케일의 변화를 통해 나타난 수수께끼 같은 추가 요소다.

모든 데이터 과학자들이 빅데이터의 '빅'이 실제로 가리키는 것에 대해 같은 의견을 가지고 있는 것은 아니다. 2014년, 빅데이터에 대한 열기가 절정에 달했을 때, 캘리포니아 대학 버클리 캠퍼스의 데이터 과학 프로그램의 대외협력 관리자 제니퍼 더처Jeniffer Dutcher는

40명의 영향력 있는 데이터 과학자, 관리자, 필자 등을 대상으로 한 온라인 설문조사 결과를 공개했다. 더처가 부탁했던 것은 빅데이터의 정의였다. 그 결과 '빅big'의 의미에 대한 다채로운 관점을 받아볼 수 있었다.

- 빅데이터는 표준 관계형 데이터베이스에 잘 맞지 않는 데이터를 의미한다. — 할 바리안Hal Varian
- 빅데이터라는 용어는 기존의 접근 방식으로는 분석할 수 없을 만큼 너무 많은 데이터 양을 설명할 때 정말 유용하다. 이 말은 데이터의 양이 너무 방대하여 지금 사용하는 메모리로는 감당하기 어려운 복잡한 분석을 하고 있다는 뜻이거나, 사용 중인 데이터 스토리지 시스템이 표준 관계형 데이터베이스일 때만큼의 기능을 제공하지 못한다는 뜻이다. 중요한 것은 지금까지 해오던 방식은 더 이상 적용 불가능하며, 스케일만 키운다고 되는 일도 아니라는 것이다. — 존 마일스 화이트John Myles White
- 우리가 아는 모든 것은 오늘도 데이터를 쏟아낸다. 단지 컴퓨팅 기기에서만 나오는 것이 아니다. 이제 자동 차고 열림 장치에서 커피포트에 이르기까지, 모든 것에서 디지털 데이터가 배출된다. 그와 동시에 우리는 수천 킬로미터 떨어진 나라의 날씨부터 어느 상점에서 오븐토스터를 가장 싸게 살 수 있는지에 관한 정보까지 즉시 알 수 있게 해달라고 요구하는 세대가 되었다. 빅데이터는 미가공 데이터를 수

집하고, 체계화하고, 저장하여 진정한 의미가 있는 정보로 바꾸는 교차점에 있다. — 프라카시 난두리Prakash Nanduri

- 빅데이터는 크기에 관한 것이 아니라 서로 다른 데이터 집합을 합치는 것에 더 가까우며, 우리가 속한 조직을 위한 통찰을 얻기 위해 실시간으로 분석하는 것이다. 따라서 빅데이터에 대한 올바른 정의는 혼합 데이터Mixed Data가 되어야 마땅하다. — 마르크 판 레이메남Mark van Rijmenam
- 빅데이터가 무궁한 가능성이 될 것인지, 아니면 요람에서 무덤까지 따라다니는 족쇄가 될지는 우리의 정치적, 윤리적, 법률적 선택에 달려 있다. — 디어드레 멀리건Deirdre Mulligan
- 빅데이터는 분산 컴퓨팅의 기술적 혁신으로 시작했지만, 지금은 인류가 세상(그리고 서로)과 대규모로 소통하는 방법을 계속해서 발견해나가는 하나의 문화 운동이다. — 드루 콘웨이Drew Conway
- 내게 ("엑셀에서 처리하기에는 너무 크다"거나, "메모리에 읽어 들이기에는 너무 크다" 같은) 기술적인 정의는 중요하지만, 그것이 진정한 요점은 아니다. 내게 빅데이터는 사람이나 조직에 복잡한 문제가 생겼을 때 고려할 만한 해답의 범위를 근본적으로 바꾸는 어떤 스케일과 영역에 있는 데이터이다. 단지 "많을수록 좋다"가 아닌, 다른 해답이다. — 스티븐 웨버Steven Weber[19]

스티븐 웨버가 설명하는 것(단지 많을수록 좋다가 아니라는 것)은 양적 변화에서 질적 변형이 일어남으로써 얻는 상변화이다. 물은 수증기가 되고, 데이터는 가치가 된다. 이러한 여러 정의에서 명백한 것은 일부 과학자에게 '크다bigness'라는 것이 양적인 문제가 아니라 '다름'의 문제라는 것이다. 보통 크기의 데이터가 우리가 이미 알고 있는 것을 말해준다면, 빅데이터의 꿈은 (프로이트의 무의식의 발견이 정체성에 관한 깊은 진실을 들추어내고, 우리를 주체적인 자기 성찰의 근대로 안내했던 것처럼) 다른 방법으로는 알 수 없는 우리의 의사결정, 선택, 행동 등의 패턴을 들여다볼 엑스레이를 제공할 수 있다. 메타데이터가 형이상학이 되는 것이다.

비구조화된 데이터라는 성배

빅데이터에 대해 기대감이나 공포심이 드는 이유는, 데이터 과학자에게 방대한 양의 데이터를 처리할 수 있는 강력한 힘이 생겼을 때 낯설고 기대하지 못했던 무언가가 나타날 가능성 때문이다. 현대의 데이터 광부라고 할 만한 이 과학자들은 우리가 관심을 기울이지 않을 때도 우리의 일상 행동에서 온갖 진귀한 디지털 광물을 캐낼 것이다.

분석적인 관점에서 보자면, 빅데이터라고 할 만큼 데이터를 대량으로 긁어모으는 것은 우리가 데이터 자체에서 통찰을 얻은 방식이 구조적으로 변화하고 있다는 것을 나타낸다.

우리는 거의 반 세기 동안 디지털 데이터를 생산하고 수집해왔기 때문에, 데이터 수집이 새로운 현상은 아니다. 컴퓨팅 초기에는 대부분의 데이터가 구조화되어 있었다. 즉, 데이터가 명령을 수행하는 단위별로 미리 정해져 있고 체계화되어 있었다. 데이터 분석가들이 주요 용어로도 검색할 수 있어, 데이터를 의미 있는 하부 단위로 정렬하고 걸러낼 수 있었다. 컴퓨팅 세계의 보이지 않는 하부구조인 스프레드시트와 데이터베이스가 데이터 생산과 소비를 위한 조직적인 모체가 되었다. 구조화된 정보라고 할 수 있으려면 방대한 양의 중요 자료를 누락하지 않으면서, 비교적 간단하게 데이터를 종합하고 읽고 분석할 수 있어야 한다. 소득신고서는 보석상의 재고 목록과 마찬가지로 구조화된 데이터이다. 비록 보석으로 치자면 수천 가지 범주로 나눌 수 있는 수백만 점의 보석이긴 하지만 말이다. 같은 프랜차이즈에 속한 보석상 수백 곳의 재고 목록을 합치면 방대하긴 하지만, 여전히 구조화된 데이터이다. 구조는 데이터의 크기보다는 체계화와 관련이 있다. 오늘날 우리의 디지털 문화를 구성하는 많은 데이터는 여전히 구조화되어 있지만, 비구조화된 데이터가 많아지면서 구조화된 데이터 비중이 많이 줄어들었다.

비구조화된 데이터는 어서 캐 가기만 바라고 있는 엄청난 자원으로, 데이터 분석의 성배와 다름없다. 이를테면 디지털 사진은 비구조화된 데이터이다. 문서 파일의 내용이나 트윗, 블로그 포스트, 음성 파일, 디지털 영상 등도 비구조화된 데이터이다. 추정컨대 인터넷 콘텐츠의 90퍼센트가 비구조화된 데이터이며, 그러한 이유로 비구조화된 데이터를 더 효율적으로 캐낼 방법을 찾고 있는 것이다. 예를 들어, 누군가 소셜미디어에 게시한 디지털 사진은 그 사진을 게시한 계정의 이름, 게시 시간, 날짜, 붙인 해시태그, "좋아요"를 클릭한 계정 등 기업에서 쉽게 얻을 수 있는 구조화된 데이터를 일정 정도 자동적으로 생성할 것이다. 하지만 대부분의 기업은 이미지의 실제 내용을 자동적으로 식별하지는 못한다. 픽셀들이 체계적으로 줄지어 서 있지만, 그러한 체계가 가리키는 것이 가지인지, 양파인지, 혹은 고층건물인지 나타내는 고유한 특징은 없다.

어느 10대 소녀가 스케이트보드 묘기를 부리는 영상을 그 소녀와 친구들이 소셜미디어에 올리면서 '#스케이트보딩'이라는 해시태그를 붙였다고 생각해보자. 그 소녀와 그녀의 행동에 대해 알기 위해 그 사이트의 서버를 소유한 기업은 그녀가 업로드한 파일 유형을 기록함으로써(.avi나 H.264 같은 파일 포맷을 인식함으로써) 자동으로 그녀가 파일을 올렸다는 것을 찾아낸다. 소셜미디어는 그녀에 관한 정보의 데이터베이스에 그러한 정보를 추가한다(이름, 이메일, '친구' 이메일 주소, '친구' 수 등등). 그 정보는 구조화되어 있다. 하지만 동영상의 내용은 전혀 구조화되어 있지 않다. 이 말은 소프트웨어에 내재된 분석 엔진은 그 파일이 진짜 스케이트보딩 영상인지, 아니면 다른 것에 관한 영상인지, 그리고 영상에서 실제로 무슨 일이 벌어지는지 모른다는 뜻이다.

영상은 수백만 개의 정보로 구성된다. 그 소녀의 셔츠 색부터 촬영일의 날씨, 영상의 장면에 등장하는 다른 사람의 이름, 스케이트보더들이 신은 운동화 브랜드 등등. 소셜미디어 기업이 그 소녀를 비롯한 다른 사람의 스케이트보드 영상에서 스케이트보드 회사에 팔 만한 통찰을 얻으려고 한다면, 영상을 보고 스케이트보더가 신은 운동화의 스타일이나 브랜드를 알아볼 사람이 필요해진다. 그런 다음 해당 영상을 비롯해 그 사이트에 게시된 모든 스케이트보드 영상에 관한 데이터를 기록하게 된다. 하지만 이런 식으로 비구조화된 데이터를 찾아낸다면 너무 느리고 비용이 많이 든다. 그리고 대부분의 기업은 스케이트보더들이 운동화를 구매하는 행동에 대한 통찰을 얻거나 새롭게 나타나는 트렌드를 찾을 수 있지 않을까 하는 마음으로 수십억 컷(대부분은 무관한 장면이다)을 인간의 노동력을 이용해서 검색하고, 종합하고, 분석하는 데 많은 비용을 지출하지는 못한다. 그 소셜미디어 기업은 또한 고양이 사료 회사에도 자신의 통찰을 팔려고 할지도 모른다. 그리하여 수백만 개의 고양이 영상을 리뷰할 사람을 고용하고 싶을 수는 있지만…… 이번에도 경제적 문제는 잘 풀리지 않는다.

소셜미디어 회사가 스케이트보드 영상에서 많은 것을 얻지 못한다 해도, 영상 이외의 다른 자원을 구할 수도 있다. 대부분의 데이터에는 눈에 보이지 않지만 데이터 자체에 관한 데이터(메타데이터)가

포함되어 있다. 휴대폰으로 촬영해서 소셜미디어에 업로드한 사진 한 장에는 이미지 파일과 업로드한 날짜와 장소뿐만 아니라, exif 데이터(사용한 카메라나 스마트폰 기종, 렌즈 종류, 해상도, 카메라 세팅 등)와 함께, 카메라나 휴대폰에 GPS가 내장되어 있다면 촬영 장소에 대한 지리 정보도 포함되어 있다. 스케이트보드 소녀가 영상에 있는 다른 사람들을 태그했다면, 소셜미디어 회사는 그들이 촬영된 일시에 어디서 누구와 함께 있었는지 알 수 있다. 그들의 데이터까지 참조한다면, 그 순간 몇몇 사람에 관한 확실한 정보를 얻게 되는 것이다. 그 소녀의 정보를 호스팅해주는 소셜미디어 기업에게 영상에서 나온 데이터는 비구조화된 데이터에서 구조화된 데이터로, 혼돈에서 질서로 진화하고 있다.

빅데이터로 인한 상변화는 계속된다

IDC의 2011년 보고서의 제목처럼, "빅데이터는 창작 콘텐츠도, 콘텐츠의 소비도 아니다. 빅데이터는 주위의 모든 데이터에 관한 분석이다".[20] IDC의 표현에서 빅데이터의 영향력이 느껴진다. 그들은 더 이상 데이터 자체만으로 소중하다고 여기지 않는다. 새로운 가치의 근원이 된 것은 데이터에 관한 데이터이다.

이것이 많은 사람이 차량 공유 기업 우버Uber가 자동차 서비스 회사가 아니라 빅데이터 회사라고 생각하는 이유이다. 우버는 스마트폰 앱과 데이터베이스 관리 시스템, 피드백 구조를 통하여 고객과 운전자, 그리고 그들의 습관과 행선지 등의 부가적인 데이터를 생성해 사람들이 어디에 가며, 어떠한 서비스가 추가적으로 필요한지, 그리고 언제 이동하는지에 대해 알고 싶은 기업이나 단체에 팔 수 있다. 예를 들어, 교통 관리 단체에서는 매일 실시간으로 정확한 자동차 사용 패턴을 알게 되면 중요한 통찰을 얻을 수 있을 것이 틀림없다.

그렇다면, 어떤 의미에서 구조화된 데이터에서 비구조화된 데이터로 이동하는 것은 단순 사실에서 의미로의 이동이라 할 수 있다. 자동화된 데이터 마이닝* 엔진은 스케이트보드 영상이 게시되었을 때의 기온이 섭씨 19도였고, 보슬비가 내렸다는 사실을 우리에게 말해줄 수 있지만, 스케이트보더들의 투지와 헌신을 전달할 수는 없다. 그렇기 때문에 우리는 더 높은 수준의 처리가 필요한 것이다.

광학 문자 인식, 안면 인식, 머신러닝, 자연어 처리, 컴퓨터 비전, 신경망 등은 인공지능의 하위 분야로, 이전에 없었던 자동화 시스템의 상변화를 우리에게 조금씩 보여준다. 예를 들어, 스케이트보더들의 소셜미디어 호스트에서 그 소녀가 업로드하는 사진의 비구조화 데이터에 접근할 때 안면 인식 소프트웨어를 사용한다면, 소녀는 그

* data mining, 대용량 데이터 속에서 유용한 정보를 추출해내는 것.

소프트웨어에 소녀와 그녀의 친구들을 식별하는 데 시각적 특징들을 연관 짓는 훈련을 시키고 있을 가능성이 높다. 그 말은 태그에 이름이 있는지 여부에 관계 없이 사진에 담긴 얼굴들 속에서 언제나 그녀를 알아볼 수 있다는 뜻이다. 그 소프트웨어는 소녀가 모자를 쓰든, 안경을 쓰든, 아니면 머리 스타일을 바꾸든, 그녀와 그녀의 친구들을 효과적으로 "인식"할 것이다.

다양한 인공지능의 형태가 나타나고 확산된 것은 빅데이터 증가에 따른 직접적 결과이다. 기업들이 슈퍼컴퓨터에 방대한 데이터를 수집하기 시작하자, 틈새 연구 분야에 불과했던 인공지능은 이제 구글, 마이크로소프트, 애플, 아마존, 페이스북 같은 기업들이 미래를 놓고 싸우는 전쟁터가 되었다. 우버와 마찬가지로, 이들 기업은 "데이터" 기업이라는 것을 명시적으로 밝히지 않았다는 사실을 인지해야 한다. 이들이 수집한 데이터는 주요 서비스에서 나온 부산물이지만, 데이터를 팔고 사고 발굴하고 해석하는 것은 비즈니스 모델의 생명줄 역할을 하고 있거나 하게 될 것이다.

사이보그들이 세상을 멸망시킬 것이라는 격변주의자들의 악몽은 제쳐두더라도, 현재와 앞으로 다가올 기술의 큰 변화에 인공지능 플랫폼이 포함될 것이라는 데 동의하지 않는 사람은 없다. 실시간 번역의 편리함에서 예방 범죄의 디스토피아까지, 인공지능은 우리의 삶을 인공지능 스스로도 예측하지 못할 정도로 바꿔놓을 것이다. 우리의 휴대폰, 컴퓨터, 전자기기는 우리가 알게 모르게 다른 사람들이 부를 추출할 새로운 자원을 생성할 것이다. 택시기사들은 우리를 한 장소에서 다른 장소로 이동하게 해준다. 우버 기사들도 그렇다. 하지만 우버 기사들이 진정으로 하는 일은 우리의 습관이나 일상, 패턴, 좋아하는 것, 좋아하지 않는 것 등에 관한 화폐처럼 교환 가능한 데이터를 생성하여 서버에 있는 거대한 "광산"에 쏟아붓는 것이다. 어마어마한 데이터를 갈수록 강력해지는 머신러닝에 제공함으로써, 우리는 실험실 수준을 벗어나 의식을 꿰뚫어보는 시스템으로 상변화를 일으키는 순간에 서 있다.

개미나 박테리아에 관한 미시적 물리학이나 점점 많아지는 데이터에 관한 거시적 물리학에서, 우리 주변의 것들은 스케일이 줄어들거나 늘어나면서 전혀 다른 법칙을 따르고 있다. 우리가 무엇이라고 생각했던 것이 전혀 다른 것으로 바뀌었다. 차량 공유가 데이터 집합이 되었고, 오후의 조깅은 비밀 군사기지의 영역을 생생하게 보여주는 선을 그려놓았으며, 한 장의 디지털 사진은 크기가 다를 때조차 똑같은 크기가 되었다. 그리고 아마도 가장 주목할 만한 것은, 이산화규소에서 지능이 탄생했다는 것이다. 스케일은 놀라움을 준다. 그리고 원인과 결과는 분리된 것으로 보인다.

4

새로운 스케일에서 벌어지고 있는 일들

우리는 고전역학을 통해서 원인과 결과 사이에

예측 가능하고 비례적인 관계를 기대하게끔 훈련받았다.

하지만 그러한 법칙들은 이제 더는 적용되지 않는 것처럼 보인다.

왜소한 것들이 상상도 못 할 만큼 강력하고,

보이지 않는 것들이 어디에나 존재한다.

위협은 영원히 사라지지 않는다.

2013년, 뉴욕국제사진센터에서 3년마다 열리는 전시회 〈다른 유형의 질서A Different Kind of Order〉를 보기 위해 갤러리로 들어갔다. 갤러리 구석을 어슬렁거리고 있을 때 불타오르는 석양처럼 보이는 크고 멋진 사진과 마주쳤다. 구릿빛 오렌지색과 파란 가루 같은 하늘빛이 경사면을 이루며 뒤섞이고 있었다. 크기는 매우 컸고(거의 1.5미터×1.8미터에 달하는 크기였다), 뚜렷한 주제는 없었다. 배경만 있을 뿐, 형태는 없었다. 사진 앞에 서자, 기품 있는 색상과 산란되는 빛이 밀려와 온몸을 감쌌다. 몇 분 동안 그 빛을 느끼다가, 가까이 다가가 제목을 보았다. 〈무제(리퍼드론)*〉, 트레버 파글렌Trevor Paglen.

찬란하게 빛나는 이미지와 위협적인 제목의 간극에 어리둥절하며 사진에서 물러난 나는, 다른 관람객들이 사진에 아주 가까이 다

* 군사용 무인항공기 일종.

그림 18 트레버 파글렌의 〈무제(리퍼드론)〉(2010). 사진을 자세히 들여다보면 제목의 의미를 알려주는 작은 시각적 단서를 찾을 수 있다. (제공: 작가 및 뉴욕 메트로픽처스)

가가 훑어본 다음 특정 지점을 가리킨다는 것을 알아챘다. 나는 다시 한번 사진 가까이 다가갔다. 바로 그때 사진과 제목의 의미 격차를 설명해주는 작은 시각적 단서(형태)를 발견했다. 색의 얇은 막 안에서 잘 보이지 않았지만 분명히 아주 작은 점이 있었고…… 그것은 드론일 가능성이 컸다.

트레버 파글렌의 사진 작품은 대개 (의도적으로) 시각적으로 방향을 잃게 만든다. 정치지리학을 전공한 파글렌은 과학수사적인 전략과 다큐멘터리 도구를 사용하여 감시, 비밀작전 등 정부의 합법, 준

합법, 불법적 활동의 보이지 않는 네트워크를 보여준다. "공식" 지도의 빈 공간을 채워 넣고, "보이지 않는" 장소에서 반사된 빛을 포착함으로써 그의 사진은 정부의 감추어진 네트워크와 공작, 그리고 그 공작자들의 흔적을 포착한다. 꼼꼼한 연구와 드론을 찾아다니는 사람들과 전 세계 활동가들의 도움으로 파글렌의 작품은 저널리즘을 뛰어넘는 그 무엇이 되었다. 그의 사진은 이미지를 무한 형성하는 세상에 사는 우리가 만족할 만큼 디테일이 살아 있는 고화질로 처음부터 끝까지 모든 이야기를 들추어내지는 않는다. 그의 사진과 무대는 우리를 시각적인 불확실성의 공간으로 데려간다.

스케일 비대칭이 낳은 전쟁과 폭력

〈무제(리퍼드론)〉의 힘은 지각적·개념적 스케일을 동시에 보여준다는 것이다. 미국시민자유연맹American Civil Liberties Union의 자밀 재퍼Jameel Jaffer와 "감시의 미학"에 관해 인터뷰할 때, 파글렌은 강력하고 보이지 않는 시스템을 드러나게 하는 스케일의 역할을 이렇게 설명한다.

Q. 우리가 여기서 전시했던 사진에서 묘사된 유타데이터센터는 과거 업스트림 감시를 통해 수집한 대화 기록을 저장하는 데 사용된 곳으로

알려졌습니다. 데이터센터의 거대함은 당신에게 감시의 스케일에 관한 아이디어를 주었지요. 이러한 모든 감시 활동을 위해 필요한 기반시설의 어마어마한 스케일을 전달하려고 했던 것입니까?

A. 두 가지 방법으로 감시의 스케일을 나타내려고 했습니다. 일단은 유타데이터센터 같은 건물은 너무나 웅장하고 너무나 많은 정보를 보관하고 있어서 건물의 물리적 특성이 그것이 뒷받침하는 프로젝트의 스케일을 드러냅니다. 다른 하나는, 제가 아주 좋아하는 것인데, 〈감시 국가의 암호명Code Names of the Surveillance State〉이라고 합니다. 국가안보국의 다양한 프로젝트에 대한 4000가지가 넘는 암호명 리스트가 스크롤링되는 것입니다. 그 암호명들은 개별적으로 무의미하게 지어진 것이지만, 함께 모아놓으니 감시 국가의 규모를 잠시 들여다보게 해주는 것 같았습니다.[1]

사진 속 드론은 수평선 위의 한 점에 불과할지도 모르지만, 그조차도 본래의 크기보다는 크다. 드론은 거대하고 전체주의적인 전쟁 국가의 파수꾼이자 지표이다. 그곳에서는 모든 사람이 잠재적으로 드러나 있고 어디선가 감시된다. 같은 틀 안에 큰 것과 작은 것을 함께 배치하여, 파글렌은 수프 속 파리처럼, 눈 안의 점처럼, 신발 속 돌멩이처럼 우리를 백일몽에서 깨어나게 한다. 각각의 비유에서 작은 것들은 크기에 어울리지 않게 큰 영향력을 행사한다. 끝이 없는 하늘에서 드론의 왜소함은 드론의 보이지 않는 막강한 힘에 반비례

한다. 이것이 항상 감시받는 사람들의 상황이다. 아프가니스탄, 파키스탄, 예멘 등 위험 지역에 사는 사람들은 어깨 너머로 하늘을 올려다봐야 할 것 같은 불안함이 매일 몸과 마음을 잠식한다.

파글렌의 카메라도 겨우 찾아낸 막강한 드론은 어디에도 없는 동시에 어디에나 존재한다. 하늘에서 크기는 힘과 더 이상 관계가 없다. 더 작고 보이지 않는 힘일수록 전체적인 위험은 더욱 커진다. 스케일이 전복된 것이다. 우리는 고전역학을 통해서 원인과 결과 사이에 예측 가능하고 비례적인 관계를 기대하게끔 훈련받았다. 미는 힘이 작으면 운동량이 작아지고, 미는 힘이 크면 운동량이 커진다. 하지만 고전역학의 그러한 법칙들은 이제 더는 적용되지 않는 것처럼 보인다. 아마도 우리는 이러한 결과를 비대칭asymmetry과 유사하게 '비비례aproportionality'라고 명명할 수 있을 것이다. 왜소한 것들이 상상도 못 할 만큼 강력하고, 보이지 않는 것들이 어디에나 존재한다. 위협은 영원히 사라지지 않는다.

파글렌의 사진은 스케일의 혼란 때문에 힘과 권력, 크기, 가시성에 대한 우리의 지각과 개념이 재조정되고 있다는 것을 일깨워준다. 크기는 더 이상 중요하지 않을지도 모른다. 하지만 스케일은 여전히 중요하다. 그리고 이런 불균형한 관계가 전투와 감시의 영역에서 형태를 갖출 때, 무기력이나 좌절보다 더 많은 것이 우리 각자를 위태롭게 한다. 우리, 그리고 우리를 대변하는 정부 단체와 비정부 단체 모두 스케일 비대칭을 통하여 전쟁과 폭력을 재창조한다. 데이터를 거의 무한대에 가깝게 증가시키는 능력과, 정보를 거의 곧바로 전 세계에 실어 나르는 얽히고설킨 네트워크와, 스케일과 권력의 새로운 관계를 결합해보자. 이러한 변화는 현실의 육체에 실제 영향을 준다. 그리고 우리가 늘 그러한 변화를 인지할 수는 없기 때문에, 공격에 대해서 모른 채 남아 있을 위험이 있다.

이제 우리는 스케일 변화가 전투의 조건을 변화시키고 폭력이 구체화되는 방식을 재조정했던 세 가지 사례를 자세하게 들여다볼 것이다. 시간을 거슬러 오르는 지속적이고 연속적인 감시, 더 이상 국가 기반의 전쟁이 아니라 언제나 우리 주변을 급습하는 '넷워netwar', 사후적이 아니라 예방적인 치안의 알고리즘을 만들기 위한 데이터 사용과 남용이 그것이다.

시간을 장악하는 감시 시스템

트레버 파글렌의 사진에 등장하는 거의 보이지 않는 드론에서 연상되는 "총력전"은, 우리에게 폭넓은 시각적 감시뿐만 아니라 시간을 이동할 수 있는 소름 끼치는 능력까지 보장해주는 신기술로도 잘 가늠해볼 수 있다.[2]

조지 W. 부시 대통령 시절 이라크를 침공했던 미국의 암흑기 동안, 사제 폭발물Improvised Explosive Devices은 현지에서 미국의 사기를 떨어트리는 혼란을 야기했다. 전임 미국 공군 소속 엔지니어이자 당시(2004) 미국공군기술연구소의 강사였던 로스 맥넛Ross McNutt은 학생들에게 전쟁에 도움을 주는 일에 도전해보라고 촉구했다. 암호명 "프로젝트 엔젤 파이어"라는 프로젝트에서 맥넛과 학생들은 군 개발자와 함께 군용 비행기의 이착륙 장치에 부착하는 고해상도 카메라를 통해 "광시야각 지속 감시 항공수집자산"을 만들었다.[3] 항공기를 이용하여 여섯 시간씩 교대로 1초에 한 장씩 이라크 팔루자의 고해상도 사진을 촬영하는 것이 목적이었다.

그들은 촬영한 사진들을 통제센터로 전송했고, 통제센터에서는 사진들을 합쳐서 도시 전체의 전경을 거의 실시간으로 기록하여 미래의 정보 수집을 위해 보관했다. 사제 폭발물이 터지면, 정확히 폭발이 일어난 시간에 찍힌 사진 기록을 되돌려 분석할 수 있었다. 모든 순간을 기록하여 폭발물이 터지기 전후의 상황이 훤히 들여다보였기에, 적절한 시간대로 되감기를 하면 어떤 트럭이나 집단이 그 장소에서 의심스러운 행동을 했는지 효과적으로 알아볼 수 있었고, 잠재적 범인들이 그 자리를 떠난 후 어디로 갔는지도 알아낼 수 있었다. 그리고 이론적으로는 현재 시간까지도 용의자 추적이 가능했다. 이러한 방식으로 지상군이나 기타 작전 수행 단위들이 범인을 찾는 데 신뢰도 높은 정보를 제공할 수 있었다. 시각적인 증거가 정황 증거보다 중요하다고 가정한다면 말이다.

맥넛이 창업한 지속 감시 시스템Persistent Surveillance Systems, PSS이라는

회사가 탄생하게 된 것은 고해상도 카메라, 저비용 고용량 정보 저장장치, 고속 컴퓨터 프로세서라는 세 가지 중요한 기술이 결합한 덕분이었다. 어떤 측면에서는, 이러한 유형의 감시에 필요한 기본적인 기술은 몇 년 전부터 사용 가능했다. 정찰기가 많아진 것처럼, 도시와 주요 기반시설에 CCTV가 많아졌다. 하지만 다른 많은 유사한 현상과 마찬가지로, 스케일의 작은 변화로 순식간에 엄청난 능력이 새롭게 촉진될 수 있다. 속도와 해상도, 용량의 증가로 인하여 군인들은 65제곱킬로미터 면적의 도시(팔루자)를 약 0.1제곱미터마다 여섯 시간 내내 계속해서 감시할 수 있다. PSS의 기술이 거의 초자연적 현상으로까지 여겨지는 것은 영상 속 특정 지점까지 확대하여 들여다보면서, 시간대를 왔다 갔다 하며 찾아내는 분석 능력 때문이다. 바꿔 말해, 시각적으로 전지전능한 힘을 가지고 있다. 정보가 완전히 연속적인 것은 아니었지만(1초에 한 장씩 촬영되었는데 동작이 연속적으로 보이려면 1초에 30장을 찍어야 한다), 그럼에도 지도가 실제 지역과 똑같이 보이거나, 촬영 기록이 현실과 똑같아 보이는 기술적 임계점에 다가가고 있다.

멕시코의 후아레스시는 놀랄 만큼 높은 살인율(월 300건)과 납치율(주당 52건)로 인해 대책을 강구하다가, 당국은 폭력을 진압하기 위해 맥넛의 시스템을 활용했다. 시각적인 시간 여행이라 할 수 있는 방법을 이용하여, 경찰은 대낮에 차에 있던 여성 경찰을 습격하여 살해한 범죄 조직원들을 체포할 수 있었다. 경찰은 자신들의 소굴을 향해 가는 범인들이 탄 자동차들을 추격하여 그곳에서 그들을 체포했다(또한 결과적으로 전체 마약 조직을 일망타진했다). 맥넛은 자신의 기술을 도입하면 범죄율을 30~40퍼센트 감소시킬 수 있어, 결과적으로 생명을 구하고 예산이 절약된다고 강력히 주장한다.[4] PSS가 어마어마한 데이터 전송률과 거의 무한대에 가까운 저장 용량을 기반으로 단지 감시의 양적인 측면만 강화한 것은 아니었다. 그들은 시간 여행과 거의 모든 것을 알 수 있는 능력이라는 질적 도약을 이루어냈다.

그렇다면, 미국에서는 왜 아직까지 사람들을 감시하지 않을까? 예상했을지도 모르겠지만, 모든 사람이 자국 내에서 지속적 감시가 이루어지는 일에 동의하는 것은 아니다. 아직 모든 곳을 완전히 감시하지 못하는 상태(건물 안은 볼 수 없고, 밤에도 동일하게 감시할 수 있는 시스템을 개발하긴 했지만 야간에는 낮만큼 효과가 없다)인 한편, 시민들은 모든 공개된 순간에 감시 시스템이 머리 위에서 지켜보는 상황에 준비가 되어 있지 않다. 높이 살 만한 점은, 맥넛 팀이 자신들의 시스템이 야기할 수 있는 극단적 결과를 이해하고 있으며, 미국시민자유연맹의 조언을 받아들였다는 점이다. 맥넛 팀은 얼굴을 알아볼 정도까지 영상을 분석하지도, 일정 시간 이상 영상을 보유하지도 않는다(미군이 다른 나라에서도 사생활에 관한 권리를 존중하는지는 분명하지 않다).

그럼에도 불구하고 이와 같은 기술은 저절로 기어들기라도 한 듯 우리가 알기도 전에 우리 삶에 들어와 있다. 파글렌의 사진이 증언하는 것처럼 그러한 감시 기술이 상대적으로 얼마나 잘 보이는지, 보이지 않는지는 중요하지 않다. 그러한 기술이 여기에 존재하며, 모든 것을 알고 있으며, 《타임머신》의 작가 H.G. 웰즈도 부러워할 만한 시간 여행 능력을 가지고 있다.

넷워 1-디도스라는 간편하고도 막강한 도발

정보 시대가 시작한 이후, 기술의 변화는 전투의 규칙을 다시 썼다. 물리적인 영토를 놓고 국가 대 국가의 분쟁이 계속되는 동안, 전쟁에 임하는 국가 간의 힘 차이는 심화되고 전투의 규칙도 거의 매일 바뀌고 있다. 이러한 변화로 작전의 스케일 또한, 사회 주변부에서 단독으로 활동하는 개인들이 10~20년 전만 해도 상상조차 할 수 없을 방법으로 피해를 줄 수 있을 정도까지 바뀌었다. 사이버스파이, 사이버테러, 사이버전쟁 등은 이제 총이나 폭탄, 탱크, 군사 못지않게 전쟁의 조건에서 많은 부분을 차지하여, 불균형이 확산되고 전략가들이 전투의 규칙을 날마다 다시 고안해야 하는 상황으로 이끌었다.

무엇이 원인과 결과의 물리학을 다시 만들고 있을까? 네트워크 전체에 걸쳐 증폭된 무중력 상태에 가까운 정보의 흐름이 자체적인 물리학 법칙과 스케일 효과가 있는 평행우주를 만들어냈다. 이러한 새로운 원칙을 터득하는 사람들이 우위를 차지할 것이다.

미국국방고등연구기획청U.S. Defense Advanced Research Projects Agency이 우리에게 익숙한 인터넷 기반을 구축한 것을 고려한다면, 인터넷 어디서나 그들의 자취가 있을 것으로 예상할 것이다. 그러나 이 경우에 편재성과 스케일은 우위를 보장하지 않는다. 정보의 흐름에 관한 물리학에는 자체적인 규칙이 있다. 구글 역시 전 세계적으로 정보가 원활하게 흐르게 하는 데 중요한 역할을 했다. 하지만 그보다 놀라운 점은, 검색엔진을 구축하며 시작했던 한 기업이, 영역과 스케일이 커지면서 대對게릴라전에서 정치적인 역할을 하게 되었다는 것이다.

정보 네트워크는 다음과 같은 속성에 따라 운영되며, 그러한 속성은 예상치 못한 방식으로 새로운 종류의 행동을 가능케 한다. 정보는 무게가 거의 나가지 않는다. 비용을 거의 들이지 않고 무한대에 가깝게 재생산할 수 있다. 전 세계 어느 곳이나 거의 즉시 전송할 수 있다. 네트워크에 접속할 수 있는 지점은 급격하게 늘어나고 있다. 그리고 최초로 정보를 만든 사람의 흔적이 거의 남아 있지 않다. 바꿔 말해, 정보는 네트워크를 통해 스케일이 어마어마하게 커진다. 코드를 복사해서 붙여 넣는 기본적인 기능(처음부터 명령줄 편집기에 들어 있는 기본적인 기능)과 그러한 복사 기능을 자동화하는 간단한 작업이 결합하여, 인터넷은 폭발적으로 성장하긴 했지만 치명적인 취약성도 내포하게 되었다. 인간이나 기계가 코드나 파일, 프로그램을 완벽하게 복제해서 배포할 수 있는 간편함(대개 초당 수천 번)이 디지털 인프라가 미치는 영향의 스케일을 바꾸어놓았다.

분산 서비스 거부 공격distributed denial of service attack, 즉 디도스DDoS는 컴퓨터 코드의 확장성scalability에 관한 교훈을 준다. 디도스 공격은 저비용으로 손쉽게 웹서비스를 마비시킬 수 있는 대중적인 방법이다. 디도스 공격은 컴퓨터 코드를 쉽게 재생산할 수 있다는 특징 때문에 원래 의도했던 것보다 훨씬 피해가 커질 수 있다. 이제 디도스 공격은 인터넷에서 어쩔 수 없는 현실이기도 하다. 상대적으로 단순하지만, 놀랄 만큼 빠르고 사용 빈도가 증가하고 있다. 디도스 공격은 개인이나 조직, 기업 등의 웹사이트를 몇 초에서 며칠, 혹은 몇 주까지 마비시킬 수 있다.

대상 웹서버가 웹사이트를 가동하고 운영하는 기본 임무를 수행하지 못할 정도로 많은 양의 요청을 보내는 가장 기본적인 형태의 디도스 공격으로도 서버를 꼼짝 못 하게 할 수 있다. 결과적으로 디도스 공격이 진행 중일 때는 어느 누구도 정당한 방법으로 그 사이트에 접속할 수 없게 된다. 사이버범죄의 기준에서 디도스 공격은 아주 정교하지는 않지만, 여전히 높은 성과를 올려준다. 비용은 얼마나 될까? 기본적으로 하루에 30달러에서 70달러이며, 일주일 동안의 서비스는 150달러가 든다. 봇넷botnet은 효과적인 공격을 하는데 필요한 충분한 수의 '좀비' 컴퓨터를 통제하는 데 사용되는 지하

세계의 도구로 700달러가 들지만, 대부분의 봇넷은 시장에서 거래되지는 않으며 해커들이 직접 제작한다.[5]

A라는 사람이 지하실에서 1000달러도 되지 않는 비용으로 눈에 보이지 않는 수천 병력을 활용해 수십억 달러 규모의 다국적기업의 홈페이지를 일주일 동안 닫아버릴 수 있다. 수십만의 사용자와 고객이 피해를 입을 수 있는 것이다. 그리고 이러한 공격은 계속해서 일어난다. 인터넷 앞에 있는 A의 모습을 상상해보자. 그러한 혼란을 일으키기 위해 그가 마음대로 사용할 수 있는 것은 무엇이었을까? 분명한 것은, 교전의 수칙이 바뀌었으며 불균형의 정도가 더욱 심해졌다는 것이다.

2013년, 구글은 디지털 공격 지도Digital Attack Map라는, 디도스 공격의 흐름을 실시간으로 추적하고 종합하여 시각적으로 보여주는 서비스를 하기 시작했다.[6] 구글 사이트에 의하면, 보안 기업 아버 네트워크스Arbor Networks는 하루에 발생하는 디도스 공격의 수를 2000건 이상이라고 추정한다. 보이지 않는 분산된 병력들을 보여주기 위해 디지털 공격 지도는 색상이 있는 아치 모양의 점선을 이용하여 공격하는 쪽과 공격 대상이 되는 쪽(나라 안에서 벌어지는 것인지, 국경 너머 다른 나라를 향한 것인지), 유형, 공격의 크기를 나타낸다. 화면 아래 부분에 있는 히스토그램은 현재부터 최근 2년간의 공격 증폭을 세로로 보여주고 있다. 한 편의 영화처럼 히스토그램을 재생하는 것도 가능한데, 지도 위에 시간에 따른 공격의 증가와 감소가 불

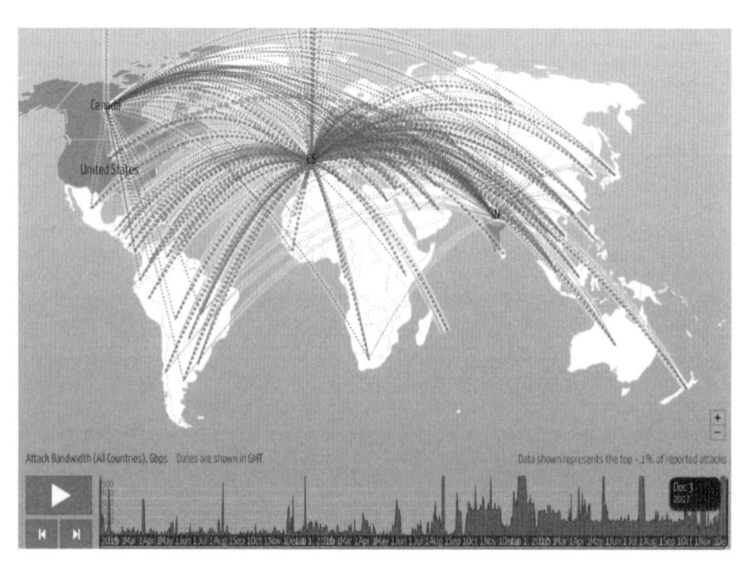

그림 19 디지털 공격 지도(구글 아이디어스와 아버 네트웍스의 협업)에 나타난 디도스 공격의 근원지와 공격 대상.

꽃놀이하듯 현란하게 표현된다. 주목할 만한 점은, 화면에 표시되는 디도스 공격은 상위 2퍼센트만 나타냈다는 것이다.

사이버보안 기업 임퍼바 인캡슐라Imperva Incapsula는 〈2015년 2분기 글로벌 디도스 위협 전망: 지능형 지속 공격과 유사한 공격〉[7]이라는 제목의 데이터 분석 보고서를 발표했다. 그들의 데이터에 따르면 디도스 공격의 규모가 점점 커지는 추세이며, 2015년 2분기에는 초당 253기가바이트로 정점에 이르렀다. 다음은 주요 결과이다.

한편으로 우리는 지능형 지속 공격advanced persistent threat과 유사한 길고,

복잡하고, 다면적인 공격을 볼 수 있었다. 이러한 공격들은 다양한 방법을 채택하며 며칠, 몇 주, 때로는 몇 달까지 지속될 수 있다. 반면 기초적인 단일 공격 대다수는 보통 30분 이상 지속되지 않는다는 사실도 알아냈다.

이러한 이중성은 두 가지 주요한 디도스 범죄자 유형과 관련이 있는 것으로 보인다. 첫 번째는 전문 사이버범죄자이고, 둘째는 이른바 "부터booter"(또는 "스트레서stresser")라고 불리는, 돈을 내고 봇넷을 사용하는 사람들이다. 이들의 이용료 기반 모델은 누구나 한 달에 몇 달러를 내고 짧은 디도스 공격을 할 수 있게 해준다.

인캡슐라는 보안이 취약한 기업들을 불안하게 해서 돈을 벌기 때문에 데이터를 과장하는 측면이 있지만, 현실을 생생하게 묘사한다. 눈에 띄는 것은 다윗이 골리앗을 망연자실하게 만들어 꼼짝 못 하게 했던 것과 같은 전술의 접근성과 용이함이다.

디도스 공격은 디지털 범법 행위의 한 가지 형태일 뿐이다. 데이터를 빼내어 공개 혹은 판매하거나 랜섬웨어처럼 영구적 피해를 주는 다른 범법 행위와는 달리, 디도스 공격은 일상 업무를 방해하지만 지속적인 피해를 주는 경우는 거의 없다. 사이버공격의 형태는 무수히 많으며, 공격자의 비상함과 해당 형태의 적응성을 보여준다. 매일 수천 건씩 나타나는 악성코드는 네트워크 효과에 의해 확대되어, 극소수의 사람이 디지털 세계에 어마어마한 결과를 초래한다.

넷워 2-누가 도발하는가

이러한 공격을 하는 사람들은 과거의 분쟁에서 볼 수 있었던 냉담하고 비열한 인물과는 아주 다르다. 사이버범죄와 그 범죄자들을 더 상세하게 알아보기 위해 주요 신문기사의 제목을 훑어보면 이러한 새로운 세상이 대략 어떤 모습인지 알 수 있다.

- "기업 259곳을 해킹한 15세 청소년 체포" — 〈지디넷〉[8]
- "미국 정부를 대상으로 사이버공격을 한 10대 붙잡히다" — 〈NBC 뉴스〉[9]
- "북아일랜드의 10대, 토크토크TalkTalk 해킹 사건으로 구속되다" — 〈뉴욕 타임스〉[10]
- "소년 해커들, CIA, 미국 공군, 영국 국민의료보험, 소니, 닌텐도 그리고 〈더 선〉에 침투" — 〈더 선〉[11]
- "리저드스쿼드툴을 이용한 사이버공격 혐의로 기소된 여섯 명의 소년들" — 〈가디언〉[12]
- "CIA 국장 이메일을 해킹했던 10대가 방법을 공개하다" — 〈와이어드〉[13]

안전할 것으로 여겨졌던 CIA 국장의 이메일 계정에 10대들이 침투할 수 있는, 스케일의 균형이 무너진 새로운 시대가 시작된 것이 분명하다. 그리고 인터넷 검색을 통해 간추린 몇몇 헤드라인들은 안보에 대한 위협의 양상이 더 이상 국가 사이의 문제가 아니며, 이제는 지하실에서 평범한 기성 제품을 가지고 조작하는 외톨이 10대 소년들(대부분 소년들이다)이 참여하게 되리라는 상상에 확신을 준다.

이러한 사례 중 다수는 '슬쩍'한 자동차를 타고 폭주하는 것의 21세기 버전 같은, 끝이 안 좋은 장난이지만 질적으로 다른 측면이 있다. 부분적으로는 이들이 하는 행동의 결과가 매일 벌어지는 수천 번의 유사한 공격과 구별하기 어렵기 때문이다. 그러한 공격은 우리가 온라인에서 일하고, 보고, 놀며 몇 시간씩 보내는 동안 네트워크를 통해 퍼지는 식별할 수 없는 수많은 폭력의 일부다. 감사하게도 우리가 범죄행위가 벌어지는 것을 알지 못하는 이유는 그 행위가 대부분 들리지도 보이지도 않기 때문이다. 자동차에 시동을 걸고 운전해서 가버리면 흔적이 남고, 버려진 자동차에는 지문이 남는다. 익명의 프록시 서버의 실행 파일을 무고한 컴퓨터 사용자의 하드드라이브에서 실행하는 것은 이러한 방해 요소가 없다.

장난 같은 해킹부터 국가가 지원하는 스파이 활동에 이르는 작전의 비대칭적 스케일과 상대적으로 소리 소문 없이 진행된다는 특징이 더해지면 우리는 거의 감지할 수 없으면서도 영원히 지속되는 사이버전쟁이라는 새로운 환경에 처하게 된다. '디지털 공격 지도'는 그러한 활동의 영역을 이해하기 위한 한 가지 방법이다. 중국에서 미국, 미국에서 중국, 이란에서 미국, 시리아에서 이스라엘, 아르헨티나에서 호주, 룩셈부르크에서 페루, 터키에서 홍콩 등 국경을 넘어선 공격은 제3차세계대전의 모습을 각인시킨다(그리고 안타깝게도 거의 완벽할 정도로 고요한 전체 아프리카 대륙은 그들의 전략과 사이버 고립을 보여준다). 우리 주변으로 언제나 맹렬하게 진행되고 있지만 희생자와 가해자를 제외한다면 아는 사람이 거의 없어 보이는 전쟁이다.

넷워 3-무한히 변이하는 분쟁

하지만 이러한 범죄의 영역에 경보가 울리기 시작했다. 2015년, 〈뉴욕 타임스〉의 한 기사는 이렇게 밝혔다. "지난 4년 동안 외국의 해커들이 송유관, 수도관, 발전소 등의 소스 코드와 설계도를 훔쳐가는 등, 에너지국의 네트워크에 150여 차례 침투했다. 산업 제어시스템들을 공격한 횟수는 델 시큐리티Dell Security에 따르면, 2013년 1월 16만 3228회에서 2014년 1월 67만 5186회로 두 배 이상 늘었다. 이 가운데 대부분이 미국과 영국, 핀란드에서 발생했다."[14] 잠시 67만 5186회라는 수치에 대해 생각해보자. 이게 한 달 동안의 공격 횟수다. 수치가 너무 커서(실상 네 배 이상 증가한 것이다) 이러한 사이버 공격에 관한 근원적이고 존재론적 의문을 제기할 수밖에 없다. 사이버공격은 다른 형태의 전쟁인가, 평화인가? 일상적인 일인가? 새로운 기준인가?

이는 정보시스템이 네트워크로 연결되면서 가능해진 스케일의 변화로 야기된, 질적으로 새로운 환경이라는 것은 분명하다. 스파이 활동은 수 세기 동안 존재해왔지만, 이것은 그와는 다른 무언가를 나타낸다. 또한 강대국들이 군사력 대결을 펼치는 전통적 전장과는 다른 장에서 벌어진다. 미국국가안보국 국장이었던 마이클 헤이든Michael V. Hayden은 "사이버 진주만 공격이라는 말은 많지만, 기반시설에 큰 피해를 주는 중국 같은 경쟁국은 사실 걱정하지 않는다. 걱정되는 것은 잃을 것이 없는 변절한 후진국의 공격이다"라고 말한 바 있다.[15]

헤이든은 이와 같은 수많은 사건에서 문제는 국가가 아니라 국가에 소속되지 않은 복잡다단한 해커 집단들이라고 말하는 것을 잊었다. 이들은 아마추어 해커, 정치적 해커를 비롯해서 준군사조직, 조직범죄까지 다양한 특징과 의도를 가지고 있다. 2001년, 랜드연구소Rand Corporation가 발표한 〈테러, 범죄, 군사력의 미래〉라는 제목의 보고서에서 존 아퀼라John Arquilla와 데이비드 론펠트David Ronfeldt는 이러한 새로운, 불균형적이고 분산적이며 비국가적인 형태를 나타내는 넷워라는 용어를 만들었다.

> 넷워라는 용어는 사회적 수준에서 나타나는 분쟁(과 범죄)의 한 양상을 일컫는 말로, 전통적 군사전과는 거리가 있으며, 참가자들이 네트워크

형태의 조직, 관련 원칙과 전략, 그리고 정보 시대에 어울리는 기술을 이용한다. 참가자들은 대개 엄격한 중앙 통제 없이 인터넷 방식으로 소통하고, 협조하고, 작전을 수행하는 분산된 조직과 소규모 집단, 개인으로 구성되었을 가능성이 크다.

넷워에는 정보 시대의 이데올로기를 만들기 시작한 신세대 혁명주의자와 급진주의자, 활동가 등도 포함되어 있다. 정보 시대의 이데올로기에서는 정체성과 충성심의 방향이 민족국가에서 국경을 뛰어넘는 수준의 "글로벌 시민사회"로 바뀔지도 모른다. 컴퓨터 해킹 사이버 사보타주를 하는 무정부주의자와 허무주의자의 연합 같은 새로운 유형의 참가자도 넷워에 등장할지도 모른다.

많은(대부분은 아닐지라도) 넷워 참가자는 비국가적으로 활동할 것이며, 국적 없는 사람도 있을 것이다. 어떤 이는 국가의 일을 위임받겠지만 어떤 이는 국가가 그들의 일을 위임받게 할 것이다.[16]

그들이 제시한 밑그림이 포착하고 있는 것은 조직에 관한 유동적이고, 분산되어 있으며, 가변적인(안정된 고체 상태에서 끈적거리는 액체 상태로 상변화가 일어나는 것처럼) 새로운 반논리counterlogic의 등장이다. 좋건 나쁘건 우리에게 익숙한 전통적인 민족국가의 분쟁은 지도자 없이 빠르게 변화하는 형태로 바뀌게 되었고, 통제를 벗어나 스스로 무한한 조합의 형태로 재구성할 수 있게 되었다.

데이터 남용의 폭력성

데이터가 실질적인 피해를 입힐 힘이 있다는 사실은 충분히 매혹적이다. 하지만 경험을 데이터로 계량화하는 것은 자체적으로 폭력의 형태를 띠고 있다.

예술가 키스 오바디케Keith Obadike와 멘디 오바디케Mendi Obadike는 우리를 데이터와 경험의 간극에 머물게 하면서 숫자라는 침묵으로 유혹하여 계량화라는 허울을 박살내버린다. 2015년, 뉴욕의 라이언리 갤러리에서 초연된 그들의 라이브 공연 〈난수 방송[은밀한 움직임] Number Station[Furtive Movements]〉은 실제 사건이 숫자로 환원되었을 때 일어나는 혼란스러운 변화에 대해 우리에게 경고해준다.[17] 공연에는 인접한 두 테이블의 반대편에 앉아 있는 두 사람이 등장한다. 두 사람은 각자 헤드폰을 착용하고 25분 동안 번갈아가며 짧은 숫자를 말한다. 또한 이 내용은 화랑과 단파 라디오에서 동시에 방송된다. "048, 276, 049, 394, 050, 366, 052, 308, 060, 425, 061, 203, 062, 100, 063, 357……."[18]

숨소리가 많이 섞인 단조로운 목소리로, 기계처럼 주거니 받거니 하면서 숫자를 말하는 모습(음울한 배경음악이 함께 흘러나온다)은 난수 방송 형식을 흉내 낸 것이다. 처음 듣는 사람을 위해 설명하자면, 난수 방송은 제1차세계대전 당시 정규 단파 라디오 방송이다. 정부에서 현장의 첩보원들에게 보내는 암호화된 통신문이라 여겨지는

그림 20 멘디 오바디케와 키스 오바디케의 〈난수 방송[은밀한 움직임]〉. (사진: 이마니 롬니-로사, 제공: 오바디케 스튜디오)

수수께끼 같은 숫자들이 나온다. 이러한 미스터리한 방송을 찾아내어 녹음하는 단파 라디오 애호가들의 왕성한 하위 문화가 있다.

오바디케 부부는 논란을 불러일으킨 뉴욕의 치안 유지 전략인 불심검문에 걸린 사람들의 사건기록 번호를 읽고 있는 것이다. 치안에 대한 이러한 접근(시라 셴들린 판사의 판결로 폐지되기까지 2002년부터 2016년까지 지속됐다)은 더욱 중대한 범죄가 발생하기 전에 예방하자는 "은밀한 움직임"을 목표로 했다. 하지만 실제로 그 기간 동안 범죄를 줄이는 데 미친 영향은 아주 미미했고, 대상이 되었던 지역사회에 미친 영향은 헤아릴 수 없을 정도로 크다. 뉴욕의 미국시민자유연맹이 데이터를 분석한 결과, 2011년에 68만 5724회의 불심검문이 있었는데, 검문 대상 중 53퍼센트가 아프리카계 미국인이었고, 34퍼센트가 히스패닉이었다. 전체의 51퍼센트는 14세에서 21세 사이였다. 불심검문을 당한 사람의 88퍼센트는 구속되지 않았다. 이 정책이 15년 동안 지속되면서 500만 명이 넘는 무고한 뉴욕시민이 불심검문을 당했는데, 그중 압도적으로 많은 수가 젊은 유색인종이었다.

마치 최면을 거는 듯한 오바디케 부부의 작품에서 사라지지 않는 것은 체계적인 인종주의와 폭력에 의해 산산조각 난 삶이었다. 그들의 균일하고 인공적인 전달 양식은 데이터의 터무니없는 축소성에 대해 관심을 갖게 했다. 사람들은 세 자리 사건번호로 환원되었다. 자신의 피부색과 무관하면 무시하고 모른 척했던 한 정책 때문에 500만 명의 삶이 바뀌었다. 우리는 대개 데이터는 죄가 없다고, 물이나 석탄, 우라늄처럼 세상 어딘가에 존재하는 작은 사실일 뿐이라고 생각한다. 하지만 경험에서 정보로 상변화가 일어날 때, 우리는 그러한 변화를 재촉하는 폭력을 간과하는 경우가 많다. 오바디케 부부는 통계치를 역설계하여, 산산조각 났던 삶의 정수를 각각의 작은 데이터에 불어넣었다.

2부

스케일 전략

5

스케일 감각을 회복하기 위한 창조적 노력들

수조 달러의 군사 예산,

한 해 동안 일어난 340번의 총기 난사, 65억 달러의 선거 예산.

이렇듯 홍수처럼 쏟아지는 추상적인 정보를

일상 속에서 객관적으로 판단할 수 있을까?

해결책은 우리의 신체와 감각을 이런 추상적 경험과

다시 연관 짓는 전략을 개발하는 것이다.

빌리언billion이 어디서나 10억을 의미하는 것은 아니다. 1970년대까지만 해도 미국과 영국처럼 역사, 전통, 무역 등의 분야에서 긴밀한 관계를 맺은 나라들도 빌리언이라는 숫자를 근본적으로 다른 식으로 사용했다.[1] 빌리언이라는 수가 실제로 얼마나 큰지에 대한 개념이 전혀 달랐음에도 국제적으로 큰 문제가 일어나지 않았던 것은 순전히 빌리언이라는 수의 스케일 때문인 것 같다. 너무 큰 수라서 수학 이외의 분야에서는 거의 쓸모가 없다고 주장하는 사람도 있을 것이다. 빌리언은 최근까지도 물리적 세계에서 우리가 상상하거나 셀 수 있는 수 중 거의 모든 것을 표현해왔는데, 마침내 우리의 경제는 일상적으로 트릴리언trillion(1조)이라는 말을 사용하게 될 정도로 규모 면에서 성장하게 되었다.

1974년 이전까지 영국에서는 롱스케일long scale에 따라 빌리언이 100만의 100만 배였다. 미국 독자들은 아마도 잘못되었다고 여길 것이다.[2] 미국은 빌리언을 100만의 1000배, 트릴리언을 10억의 1000배로 정의하는 쇼트스케일short scale모델을 따른다. 롱스케일 빌리언은 쇼트스케일 빌리언의 1000배다. 그리고 롱스케일 트릴리언은 쇼트스케일 트릴리언의 100만 배다.

다른 나라까지 범위를 넓히면 숫자 체계에서나 번역 분야에서 사정은 더욱 복잡해진다. 호주, 브라질, 홍콩, 케냐, 미국 등은 쇼트스케일을 사용한다. 아르헨티나, 독일, 이란, 베네수엘라, 세네갈 등은 롱스케일을 사용한다. 그리고 일부 국가들(캐나다, 남아프리카, 푸에르토리코)은 둘 다 사용하기도 한다.[3] 인도의 숫자 체계에서는 숫자를 표기하는 방식이 아주 다르다. 먼저 세 자리 이후에 쉼표를 표기하고, 그다음부터는 두 자리마다 쉼표를 표기한다. 예를 들어, 아라비아 숫자 100,000은 인도(혹은 베다Veda) 체계에서 1,00,000으로 표기한다. 123,456,789(아라비아)는 베다에서 12,34,56,789로 표기한다. 더 언어학적으로 두 체계를 비교한 결과, 인도의 베다 체계는 사우전드(1000), 밀리언(100만), 빌리언(10억)이 아닌 라크lakh(10만)와 크로르crore(1000만)가 숫자를 분류하는 데 중요한 수였다.[4] 또한 중국을 비롯한 기타 국가에서도 이러한 전반적인 차이를 발견할 수 있다. 예를 들어, 중국에서는 상황에 따라 세 가지 숫자 체계를 사용한다.

2011년, 〈BBC 뉴스 매거진〉의 한 기사에서는 "트릴리언은 새로운 빌리언인가Is Trillion the new Billion?"라고 물었다. 트릴리언의 정의를

		SHORT SCALE	LONG SCALE
10^0	1	one	one
10^1	10	ten	ten
10^2	100	hundred	hundred
10^3	1000	thousand	thousand
10^6	1,000,000	**million**	**million**
10^9	1,000,000,000	**billion**	thousand million
10^{12}	1,000,000,000,000	**trillion**	**billion**
10^{15}	1,000,000,000,000,000	**quadrillion**	thousand billion
10^{18}	1,000,000,000,000,000,000	**quintillion**	**trillion**

그림 21 쇼트스케일과 롱스케일의 차이. 쇼트스케일은 천 단위로 나뉘어 새로운 단어를 사용한다면, 롱스케일은 100만 단위로 나뉜다.

명확히 해야 한다는 요구(그럼으로써 단순한 의미 오류로 인해 1000배의 계산 착오를 일으키는 것을 피할 수 있다)가 2011년 영국의 주요 신문에 나온다는 것은 아직까지 숫자 체계에 대한 오해가 만연해 있다는 증거이다. 오류를 범하는 경우가 너무 많아서 〈BBC 뉴스 매거진〉은 영국 독자들에게 빌리언과 트릴리언의 정확한 정의가 담긴 짧은 관련 기사까지 실었다.[5] 일상 언어에 자주 사용되면서 트릴리언에 대한 개념이 많이 알려졌지만, 모두가 다 아는 것은 아니다. 20세기에 생애의 대부분을 살아온 세대에게, 트릴리언 단위의 수는 거의 마주칠 일이 없었다. 마치 오늘날의 쿼드릴리언quadrillion(1000조)처럼 말이다.

정보의 홍수에 무감각해지지 않으려면

대부분의 10대가 그 수학적 개념을 파악할 수 있다고 해도(보통 수학 시간에 과학 표기법을 배운다), 빌리언이나 트릴리언 같은 큰 수는 이해하기 쉽지 않다. 물리 상수를 통한 도량형의 발달로 측정은 우리가 만질 수 있는 것들과 무관해졌다. 수십억이나 수조 같은 숫자 또한 인간의 지각과 경험을 벗어난다. 한 사람이 100만을 세려면 약 12일이 걸리고, 10억까지는 32년이 걸리며, 1조까지 세는 데는 3만 2000년이 넘게 걸린다. 인간은 셀 수 없는 숫자라는 뜻이다. 이러한 큰 수는 중요하지만 그다지 와닿지 않는다.[6] 우리가 일상에서 지각할 수 있는 정도가 아니라는 말은 그러한 어마어마한 숫자들이 공상의 영역, 가상의 숫자 영역에 존재한다는 뜻이다.[7] 일상에서 점점 더 자주 마주치게 될 숫자의 범위와 스케일을 제대로 전달하기 위해서는 은유나 비유, 상상력의 도움을 받을 수밖에 없다.

이오시프 스탈린이 썼다고 알려진(확인된 바는 없지만) 자주 인용되는 구절이 있다. "한 사람의 죽음은 비극이지만, 100만 명의 죽음은 하나의 숫자일 뿐이다." 어떻게 우리는 한 개인의 고통에는 마음이 움직이면서 수십, 수백만 명의 죽음에는 무감각할 수 있을까? 왜 분노와 공감 능력은 숫자에 비례해서 커지지 않는 것일까? 숫자가 커지면 왜 정서적 부담이 감소하는 것일까?

큰 수에는 감각을 마비시키는 특성이 있다.[8] 우리는 한 개인의 고통을 전달하는 이야기와 이미지에 이끌린다. 그러나 그 수가 두세 명보다 훨씬 커지면 마음의 문을 닫아버리는 것 같다. 어떤 방법으로도 대규모 인명 손실을 표현하지 못한다는 사실 때문에 그 일을 처리하는 우리의 능력에 변화가 일어난다. 우리의 정서적 능력이 많은 사람이 목숨을 잃은 사건과 씨름하길 거부한다 해도, 수많은 사람이 죽어간 대학살들을 "절대 잊지 말아야 한다"는 것은 되새겨야 한다.

수조 달러의 군사 예산, 2018년 미국에서 있었던 340번의 총기 난사, 2016년 대통령 및 국회의원 선거에 사용된 65억 달러가 넘는 예산.[9] 우리는 이렇듯 홍수처럼 쏟아지는 추상적이고 무형인 정보를 일상 속에서 객관적으로 판단할 수 있을까? 해결책은 우리의 신체와 감각을 이런 추상적 경험과 다시 연관 짓는 전략을 개발하는 것이다. 아주 작은 것과 아주 큰 것에 익숙해지게 해주면서도, 그 과정에서 무감각해지지 않게 도와주도록 말이다.

이제부터 소개하는 네 개의 프로젝트는 스케일에 무감각해지는 오늘날의 경향에 창의적으로 대응하는 네 가지 방법이다. 감각신호를 이용하여 우리가 저지른 문제들의 방대한 스케일을 이해하려는 시도이다. 이 프로젝트들은 해석translation과 물질화materialization 같은 기법을 통해 감각의 존재인 인간을 상상도 할 수 없는 공간으로 데려갈 것이다. 그리고 그 프로젝트들 대부분 예술의 영역에서 기원한 것이지만, 그렇다고 우리의 일상적 환경과 무관하다는 뜻은 아니다. 우리는 이 극적이고 인상적인 전략들을 통해 상상도 할 수 없는 상황을 체현해줄 새로운 길을 그려볼 수 있을 것이다.

〈10억 달러의 기록〉, 숫자에서 일상으로의 회귀

예를 들어, '정보는 아름답다InformationisBeautiful.net'라는 사이트에서 데이비드 맥캔들리스David McCandless는 다양한 현대의 정치·사회·과학 문제와 씨름하기 위해 정보 디자인 기법을 활용한다.[10] 미디어 여기저기서 내뱉는 수치의 스케일에 혼란을 느낀 그는 2009년(2013년 업데이트) 〈10억 달러의 기록The Billion Dollar-o-Gram〉이라는 제목의 놀라운 작품 하나를 완성했다. 금액의 스케일에 비례하는 밝은 색상의 직사각형들을 이어 붙인 이 단순한 다이어그램은 다양한 사회적 프로젝트에 드는 비용의 상대적인 크기를 이해하도록 돕는다. 어떤 사각형들을 인접하게 배치했는지에서 그의 기지가 드러난다.

- ①전 세계 에이즈 퇴치 비용(640억 달러)은 ②월스트리트 매출(3710억 달러) 언저리에 위치한다.
- ③석유수출국기구OPEC의 수입(7800억 달러)과 비교하면 ④10억 명을 가난에서 구제하는 데 드는 예상 비용(3000억 달러)은 적어 보인다.
- ⑤국제 제약시장(8250억 달러)이 ⑥미국의 의료보험과 저소득층 의료보장제도를 합한 것(7420억 달러)보다 규모가 크다.

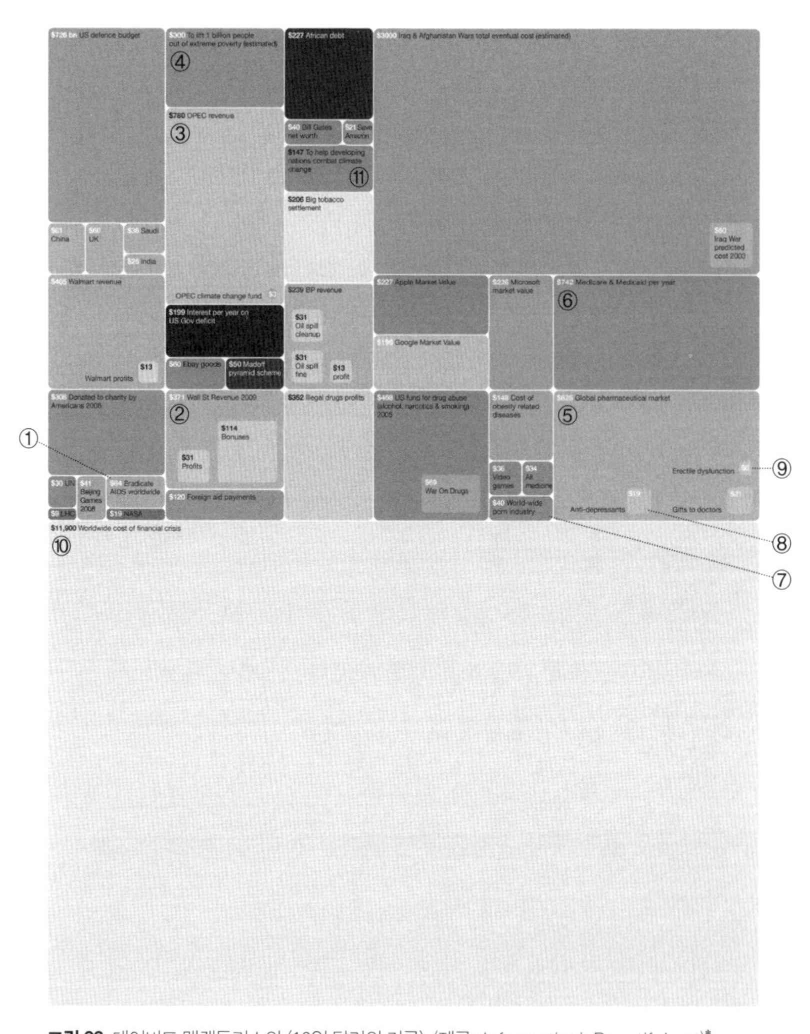

그림 22 데이비드 맥캔들리스의 〈10억 달러의 기록〉. (제공: InformationisBeautiful.net)*

---

* 작품 이해를 돕기 위하여 번호로 해당 정보의 위치를 표시하였다.

- ⑦전 세계 포르노 산업(400억 달러)의 시장 규모가 ⑧항우울제(190억 달러) 시장과 ⑨발기부전치료제(60억 달러) 시장을 합친 것보다 크다.

하지만 다이어그램을 압도하는 것은 나머지 모든 시장 규모와 비용을 합친 것을 떠받치는 직사각형, 즉 ⑩국제금융위기 비용이다. 11조 9000억 달러가 얼마나 되는지 제대로 파악하지 못할 수도 있지만, ⑪'개발도상국 기후변화 대응 원조'에 들어가는 1470억 달러와 비교하면 이 금액이 얼마나 비상식적으로 큰지는 시각적으로 쉽게 알 수 있다. 국제사회가 무엇을 우선순위에 두는지에 관한 안타까운 역설이 투명하게 드러나는 것이다.

맥캔들리스는 비슷한 타일을 한데 묶고 나란히 배치해 어마어마한 스케일의 숫자를 인간이 이해할 수 있는 스케일로 해석해준다. 맥캔들리스의 전략이 유달리 효과적인 이유는 그러한 '해석'이 이루어지는 방식 때문이다. 이 다이어그램은 분쟁, 기부, 범죄, 손실 같은 추상적인 내용과 우리의 행동을 연결시킨다. 더 일상적인 상황에서는 어떨까?

사람들은 집을 구입할 때 갑자기 어마어마하게 큰 숫자들에 마치 0이 몇 개 빠져 있는 것처럼 흥정을 하는 경험을 하게 된다. 구입하려는 품목의 스케일이 너무 큰 나머지, 8만 5000달러와 9만 5000달러의 차이를 느끼지 못하기 시작한다. 마치 그 차이가 85달러나 95달러처럼 느껴지기 시작하는 것이다. 하지만 1만 달러의 차이를 다른 식으로, 의미 있는 단위(커뮤니티칼리지 수강료, 학자금 융자 탕감, 세계 여행 비용, 몇 주 동안의 식비)로 바꿔주면 그 숫자들은 일상에서 이해할 수 있는 의미를 지니게 된다. 그렇게 되면 멋진 새 집이 커뮤니티칼리지에서 4학기 동안 수강할 기회나 한겨울에 열대 지방을 다섯 번 여행할 수 있는 기회를 놓칠 만한 가치가 있는 것인지 판단할 수 있을 것이다.

숫자의 규모가 커지면서 그 숫자들은 실재 혹은 물질에서 추상적인 것으로 상변화를 하는 것처럼 보인다. 우리는 그 숫자들을 우리의 일상에 변화를 주는 단위로 바꾸어놓아야 한다. 크리스 조던Chris Jordan의 작품 〈계산하기Running the Numbers〉 역시 멋진 형식을 통한 해석을 보여준다. 그는 이 작품에서 가늠할 수 없는 지구 기후변화의 현실을 문자 그대로 우리가 손에 쥘 수 있는 것, 즉 플라스틱 음료수병으로 바꾸어놓는다.

추상을 경험하게 하기

만약 100만 명의 죽음이 하나의 숫자일 뿐이라면, 400년에 걸친 노예제와 불평등이 미국인의 삶에 어떻게 뿌리내리고 지속적으로 영향을 미쳐왔는지 온전히 파악할 방법이 있을까?[11]

카라 워커Kara Walker가 만든 10.8미터 높이에 23미터 길이의 향긋

그림 23 크리스 조던의 〈계산하기: 미국의 자화상〉 연작 중에서 〈플라스틱 병〉(2007). 5분 동안 미국에서 사용되는 플라스틱 음료수병 200만 개의 모습을 보여준다.

그림 24 크리스 조던의 〈플라스틱 병〉을 확대한 모습.

한 냄새가 나는 여성 스핑크스가 버려진 설탕 공장에서 희미한 빛을 받으며 당당하게 앉아 있다. 설탕의 원료인 당밀이 벽에서 흘러내리고, 아기 모양의 커다란 사탕들이 이 당당하고 선정적인 여성 스핑크스와 함께 서 있다. 정제된 설탕으로만 만든 것처럼 보이는 이 거대한 형상이 있는 곳은 2014년 뉴욕 브루클린의 이스트리버 강둑 위, 퀴퀴한 냄새가 나는 도미노 설탕 공장이었다. 스케일이 큰 이 작품은 그 야심만큼이나 전체 제목도 길었다. 〈설탕 조각상, 혹은 신비로운 슈가 베이비, 도미노 설탕 정제 공장의 철거를 계기로, 수수밭에서 신세계의 부엌까지 한 푼도 못 받고 혹사당하며 우리의 단맛을 개선해왔던 장인들에게 바치는 오마주〉. 작품의 묘한 분위기는 감각적 몰입과 개념적 역설이 대등하게 뒤섞인 데서 기인한다.

하얀 설탕 무더기에서 나온 것처럼 빛나는 달콤한 거대 조각상은 전형적인 기념비의 모습을 과시하고 있다. 달콤함과 쓰라림, 갈색(당밀)과 흰색(설탕), 인종적 고정관념과 장엄한 조각상, 은근함과 과시, 성욕과 모성, 길들여짐과 초월…… 하나의 미니어처가 거대한 이야기를 하고 있다. 이 작품은 단일한 서사로 귀결되기를 거부한다. 워커는 전근대 시대에 설탕으로 만들던 것들(설탕 조각상subtlety은 중세 귀족의 식사에 흔히 볼 수 있었던 틀에 찍어낸 설탕 과자를 일컫는 말이다)을 보고 이를 큰 스케일로 확대했다. 설탕의 달콤함 뒤에는 서인도 제도 노예들의 부러진 등골 위에 쌓아 올린 산업이라는, 쓰디쓴 비밀이 숨어 있다. 설탕은 또한 오늘날 값싸고 쉽게 구할 수 있어

그림 25 카라 워커, 〈설탕 조각상, 혹은 신비로운 슈가 베이비, 도미노 설탕 정제 공장의 철거를 계기로, 수수밭에서 신세계의 부엌까지 한 푼도 못 받고 혹사당하며 우리의 단맛을 개선해왔던 장인들에게 바치는 오마주〉(2014). (사진: 제이슨 위치, 제공: 시케마 젱킨스 갤러리)

가난한 유색 인종에게 치중된 비만이라는 전염병을 유행시키고 있다. 워커는 작고 흔해빠진 사탕에서 놀랍게도 인종, 인종주의, 제국의 건설을 반추함으로써, 경이로운 우리의 제국이 공포를 기반으로 쌓아 올린 것이라는 사실을 일깨운다.

"신비로운 슈가 베이비"의 스케일에서 느끼는 우리의 혼란은 갈색 사탕수수가 하얀 설탕이 되어 식탁 위에 오르기까지 원동력이 되었던 노예무역에서 잊힌 수백만 명의 삶과 관련이 있다. 혐오감과 두려움이 뒤섞인 것처럼, 달콤함에는 피의 쓴맛이 섞여 있다. 400년간의 불평등은 숫자다. 신비로운 슈가 베이비는 그 스케일과 감각적인 존재감을 통해 이 이야기를 우리 시대에 다시 느끼게 해준다.

워커는 비극이라는 원료로부터 설탕을 만들어, 역사와 수치화된 사실을 느끼게 해준다. 그녀의 물질화 과정은 성급한 추상화와 비물질성으로 향하는 힘을 무효화한다. 동굴 같은 창고의 희미한 불빛과 냄새, 사탕 조각상의 물리적 크기를 통해서다. 우리는 그 크기 앞에서 작아지고 스스로의 보잘것없음에 겸손해진다.

측정과 비물질성이 인간의 이해력과 육체적 지각 능력의 둔화와 궤를 같이한다면, 워커의 작품은 우리에게 또 다른 길을 제시한다. 수치와 추상화를 삶의 물질적인 경험으로 바꿔야 한다는 것이다.

놀랍게도 우리는 우리의 시스템과 관습을 통해 세계적인 문제들을 사라지게 할 수 있다. 우리는 여름에 기온이 상승하는 것을 느끼지 못한다. 난방과 냉방이 되는 건물에서 생활하다 보면 기후를 거의 감지하지 못하기 때문이다. 하지만 여름철 건물의 온도가 계속 오르게 내버려둔다면 우리의 행동이 집단적으로 기후에 영향을 미친다는 것을 감각적으로 일깨울 수 있을 것이다. 실제로 일본 정부가 2005년 시행한 전략인데, 여름철 에어컨의 온도조절장치를 25도에서 27도로 바꾸고 전통적인 정장과 타이 대신 짧은 소매 셔츠를 입는 것을 권장한 것이다. 오늘날 일본 정부 건물들은 전 세계적인 환경 변화와 싸워야 하는 필요성을 일깨우기 위하여 일과 중 한 시간 동안 조명 사용을 줄이고 있다.[12] 이 전략의 목적은 격변하는 미래를 향해 표류하는 것을 막기 위하여 공무원들에게 감각적 신호를 보내는 것이다.

우리의 선출직 대표자가 국방부 예산은 늘어나는데 교육에 대한 연방정부의 투자는 줄고 있다는 사실을 이해하게 하려면, 이들 정치인을 폭염 기간 중 하루 동안 자금 부족을 겪는 공립학교에서 일해보도록 초대해야 할지도 모른다. 이러한 학교의 냉방장치 부족(그리고 이로 인한 학생들의 학습 능력과 생산성에 미치는 직접적인 영향)으로 인해 미국국방부 예산을 1조 달러로 인상한 것에 대한 혐오감이 갑자기 뚜렷해질지도 모른다. 혹은 서버 농장이나 아마존 물류센터에 방문해보면, 산업 시대의 원자재가 막대하게 투입되지 않으면 인터넷의 무중량·비마찰 경제가 살아남지 못할 수 있다는 사실을 깨닫는 데 도움이 된다.

쓰레기 처리 파업의 예상치 못한 불편마저도 우리의 과소비를 어떻게 봐야 하는지에 대해 도움이 된다. 쏟아져 나오는 쓰레기의 양이 점점 늘어나, 며칠 이상 일회용품과 함께 산다는 것이 어떤 의미인지 느끼게 되면, 우리의 쓰레기를 "보이지 않게" 신경 쓰지 않아도 되는 지역에 갖다 버리는 비용을 다시 고려하게 될 것이다. 쓰레기를 한두 달 보관하게 된다면 쓰레기를 최대한 줄여야 한다는 강력한 감각 신호가 될 것이다.

다시 인간의 감각으로

각각의 전략은 추상적인 스케일을 구체화한다. 그중 어떤 방법은

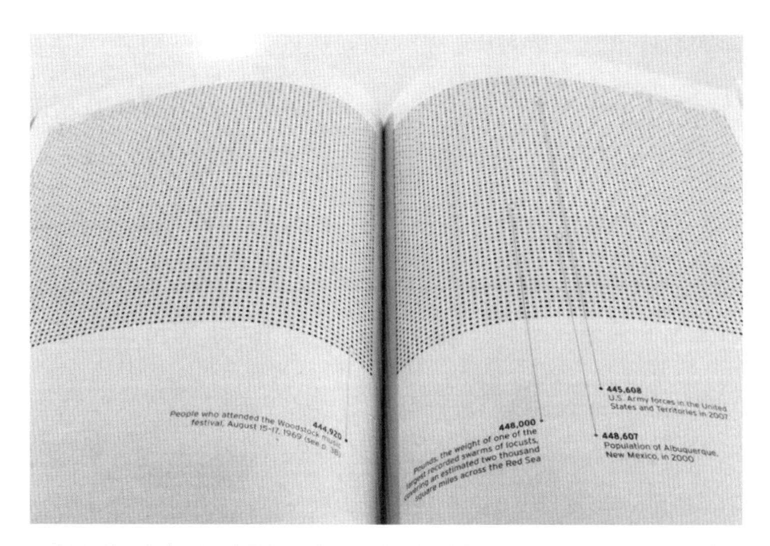

그림 26 헨드릭 허츠버그의 책 《100만One Million》의 한 페이지. 100만 개의 점이 찍힌 이 책은 특정 순서의 점에 특정 수치의 정보를 연결 지어 보여줌으로써, 그 수치의 스케일을 가늠하게 한다. 예컨대 44만 8000번째 점에는 "홍해를 뒤덮었던 메뚜기 떼의 무게 44만 8000파운드"라는 정보가 연결되어 있다.

불편할 수도 있다. 하지만 왜 기후변화에 대해, 불평등에 대해, 제대로 작동하지 않는 체제에 대해서는 불편해하지 않는가? 아마도 우리는 그러한 문제를 분석하기보다는 느껴야 하는 것인지도 모른다. 어떻게 하면 자신도 모르게 추상화되거나 우리의 경험이 0과 1로 비물질화되는 데 대응하는 방법을 찾을 수 있을까? 헨드릭 허츠버그Hendrik Hertzberg는 100만 개의 점이 담긴 책을 출간했다(페이지당 5000개의 점이 200페이지에 걸쳐 찍혀 있다). 어떤 의도였을까? 허츠버그는 "100만 개의 무언가"를 경험하게 하고 싶었다.[13] 100만 개의 무언가를 물질로 구체화하고 손바닥에 올려놓으면 스케일이 얼마나 중요한 것인지 파악하는 데 도움이 될 수 있다.

우리의 삶에 진정한 영향을 미칠 수 있는 것들(군사 예산, 대기 중 오염물질, 전체 학자금 대출, 집단 학살의 사망자, 도시에서 일어나는 살인, 기온 상승, CEO의 임금)의 스케일은 대개 우리의 이해력을 벗어나는 것 같다. 그 헤아릴 수 없음이 모이고 모여 마치 아무것도 보이지 않는 자욱한 안개를 접하는 것만 같다. 길을 잃은 채, 우리 손을 빠져나가는 개념들을 향해 더듬더듬 나아가며, 아무것도 확실히 손에 쥐지 못할 것이라는 두려움을 품고 안개 속으로 빠져드는 것이다.

우리는 이러한 수치들을 양적인 추상화에서 벗어나게 하여 인간의 감각으로 다시 끌어들이는 전략이 필요하다. 해석과 물질화는 그러한 전략 가운데 일부다. 이야기와 이미지는 상상하지 못할 만큼 큰 것에서 되돌아오는 다리가 될 수 있다.

6

스케일 프레이밍

우리는 전반적인 상황에 대해 언제나 제한적인 지식밖에 가질 수 없다.

그러한 제한적인 정보에 따라 합리적으로 행동하고자 할 때,

그러한 합리성은 우리가 모른다는 사실조차

알지 못하는 것들로부터 위협을 받는다.

폭넓은 시각에서 정보가 재구성될 때, 각각의 합리적인 행동이 더해져

모든 사람이 원하는 결과로 이어질 수 있다.

다음에 나올 사진의 공식 명칭은 'AS17-148-22727'로, 혁명적인 사진치고는 평범하다. 1972년 12월 7일, 아폴로 17호의 승무원이 찍은 이 상징적인 사진은, 이후 대중의 시각적 상상 속에 각인되었다.[1] 흔히 '블루 마블Blue Marble(푸른 구슬)'이라고 불리는 이 사진의 인상적인 점은 선명도와 단순함이다. 행성 지구(평평하고, 거의 완벽한 원으로 보이는 회전 타원체)는 배경의 검은 우주 공간과 동떨어져 있는 것처럼 보인다. 소용돌이치는 흰 구름 아래로 붉은빛을 띤 대륙들이 보이고, 남반구에서는 남극의 만년설이 보인다. 이 사진이 공개되자마자 환경단체들은 이 사진을 포스터와 통신문에 사용해 널리 알렸다. 아름다움과 연약함이 절묘하게 조합된 지구의 모습에 그들이 감동을 느꼈음은 두말할 나위가 없을 것이다.

시각적으로 보자면, 전에는 궁극의 배경이었던 지구의 지표면이 이 사진 한 장으로, 가늠할 수 있는 형태가 되었다(이제는 우주가 배경이 되었다). 수 세기 동안 우리가 둥근 행성에 산다는 사실을 이해하고는 있었지만, 이제는 우리 자신과 우리가 처한 매우 현실적인 물리적 한계를 되돌아볼 수 있게 됐다. 놀랍게도, 전지자의 시점에서 말이다. 이 사진을 통해서 우리의 세상(우리의 모든 것)은 인지할 수 있고 시각적으로 소비할 수 있는 대상이 되었다. 배경은 형태가 되었고, 무한은 유한이 되었다. 말하자면, 우리가 세계를 축소해 손바닥 위에 올려놓음으로써 전지전능한 신이 된 것이 아니라 오히려 지구의 운명에 더욱 강하게 구속되었다.

〈10의 거듭제곱〉: 스케일을 사고하는 획기적인 틀

이처럼 지구에 한정되었던 우리의 시각 체계가 우주까지 확대되고 변형된 것은 동시대에 나온 또 다른 상징적인 영상 작품 〈10의 거듭제곱Powers of Ten〉에서도 볼 수 있다. 나이와 배경에 따라 다르겠지만, 아마도 중학교 과학 혹은 수학 수업 시간에 20세기 디자인 걸작인 이 작품을 봤을 것이다. 훌륭한 디자인이라고 인지했을 수도 있지만, 수업에서 벗어나 잠시 쉬어가게끔 해주는 것 정도로만 여겼던 사람도 있을 것이다. 디즈니에서 제작한 〈신기한 수학의 나라에 간 도널드Donald in Mathmagic Land〉라는 영화처럼 찰스 임스Charles Eames와 레이 임스Ray Eames 부부의 이 9분짜리 영화는 20세기 후반 미국 공

그림 27 〈AS17-148-22727〉(1972). 나사NASA에서 공개한 이 사진으로 인해 궁극의 배경이었던 지구는 가늠할 수 있는 형태가 되었다.

립학교의 필수 교육과정에 포함되었다. 이 형형색색의 영화는 교과서의 연습문제, 퀴즈, 끝이 없는 과제로 이어지는 단조로운 일상 속에서 잠시 동안 특별한 휴식이 되어주었다.

임스 부부 팀은 의자, 테이블, 집, 포스터, 장난감, 책 등 많은 사람이 디자인 상품을 생각할 때 떠올리는 것들을 디자인했다. 그들의 특별한 점은 작품의 대중적 기발함과 더불어 시각적 독창성에서도 찾을 수 있다. 1940년대부터 나오기 시작한 그들의 작품은 1970년대 후반까지 다방면에 걸쳐 왕성하게 쏟아져 나왔다. 그 결과물은 상품뿐만 아니라 영화, 보고서, 전시, 체험 등 다양했다. 임스 부부는 다재다능한 디자이너였을 뿐 아니라, 그들의 재능을 활용하여 색다른 사고와 시각이 형성될 수 있도록 도움을 주기도 했다. 그들이 제작한 수십 편의 영화는 예리한 관찰, 패턴, 구조, 일상의 아름다움에 대한 절묘한 실례를 보여준다.

1952년에 찍은 〈아스팔트Blacktop〉는 어느 학교 운동장 아스팔트를 가로질러 흐르는 비눗물에 관한 11분 동안의 명상이다. 바흐의 〈골드베르크 변주곡〉이 배경에 흐르는 이 영화의 매혹적인 속도와 물에 고정된 초점은 관객이 리듬, 패턴, 움직임, 흐름, 그리고 우리가 간과하기 쉬운 무언가에 내재된 아름다움에 눈을 떼지 못하게 한다. 할리우드의 전설적인 작곡가 엘머 번스타인Elmer Bernstein이 음악을 맡은 1957년작 〈장난감 기차를 위한 토카타Toccata for Toy Trains〉는 장난감과 장난감 기차가 등장하는 작은 세상에서 벌어지는 일들을 따라가며, 스케일을 줄인 인공적 풍경 속 어느 분주한 마을에서 살아가는 이야기를 창조한다. 카메라 렌즈는 기찻길 높이에 맞추고 얕은 피사계심도를 사용하여 관객이 장난감 스케일의 세상에 몰입할 수 있게 했다. 찰스 임스는 소재에 충실한 것의 가치, 장난감의 중요함, 미니어처 모델과 장난감 기차의 차이에 대해 도입부에서 2분간 내레이션을 한다. 전체 상영 시간 13분 중 나머지 11분은 번스타인의 음악과 함께, 기차와 기차가 구축하는 환상의 공간으로 구성된다. 그들의 (예리한 관찰을 통해 금세 사라지는 것들에 집중하는) 영화 가운데 많은 작품이 우리의 시각을 단련시켜, 간과되었거나 저평가된 것들, 지극히 평범한 것에 대해 깊이 생각해보게끔 한다. 아마도 임스 부부의 가장 대표적 작품이라 할 수 있을 〈10의 거듭제곱〉은 눈부신 시각 여행으로 우리를 데려가며, 스케일을 사고하는 데 획기적인 틀을 제공한다.

영화의 형식 자체는 매우 단순하다. 놀랄 만큼 매끄럽게 시공간을 도약하며, 기저에 흐르는 까다로운 개념은 고민하지 않아도 된다. 〈10의 거듭제곱〉(부제는 '우주에서 사물의 상대적인 크기…… 그리고 0을 하나 추가하는 것이 미치는 영향에 관한 영화'이고 IBM이 의뢰하여 제작되었다)은 케이스 부커Kees Boeke의 《우주의 풍경Cosmic View》이라는 책에서 영감을 받은 작품이다.[2] 당김음과 삐 소리를 이용한 사운드트랙(역시 엘머 번스타인의 작품이다)과 함께 제목이 나오고, 내레이터인 필립 모리슨Philip Morrison이 영화의 구성 방식을 짧게 소개한다. "10월 초의 어느 한가한 오후 시카고 호숫가의 피크닉에서 영화는 시작합니다. 처음 우리가 보게 되는 것은 1미터 떨어진 곳에서 본 1미터 너비의 장면입니다. 이제 10초마다 열 배씩 멀어지면서, 우리의 시야는 열 배씩 넓어지게 됩니다."

영화는 푸른 잔디밭에 담요를 깔아놓고 한가로이 시간을 보내는 한 쌍의 남녀에서 시작하지만, 내레이션이 시작되면서 카메라가 남

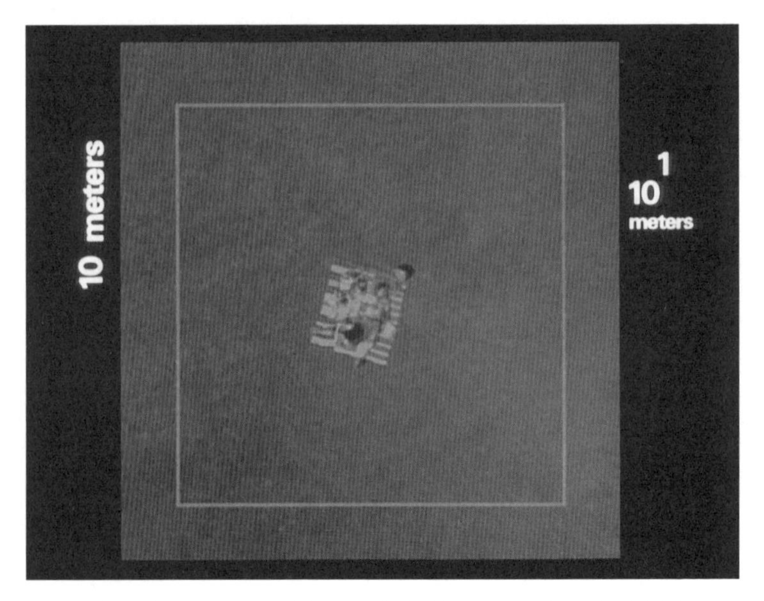

그림 28 찰스 임스와 레이 임스의 영화 〈10의 거듭제곱〉(1977)의 한 장면. © 1977, 2020 Eames Office, LLC (eamesoffice.com)

녀의 머리 위로 이동해 마치 조감도나 평면도 같은 화면이 된다. 카메라가 하늘 위로 점점 빠르게 이동하면 간단한 그래픽으로 크기 변화를 설명한다. 폭이 10미터인 흰색 사각형이 잔디밭의 소풍객을 둘러싸 첫 번째 준거틀을 제공한다.

영화는 영리하게 큐비클 방식*을 채택해, 공간의 3차원 단위를 구축한다. 한 변이 10미터인 정육면체에서 시작하여, 우리가 보는 동

* 칸막이로 공간을 구획하는 것을 이르는 말로 여기에서는 윗면이 뚫린 정육면체 모양을 뜻한다.

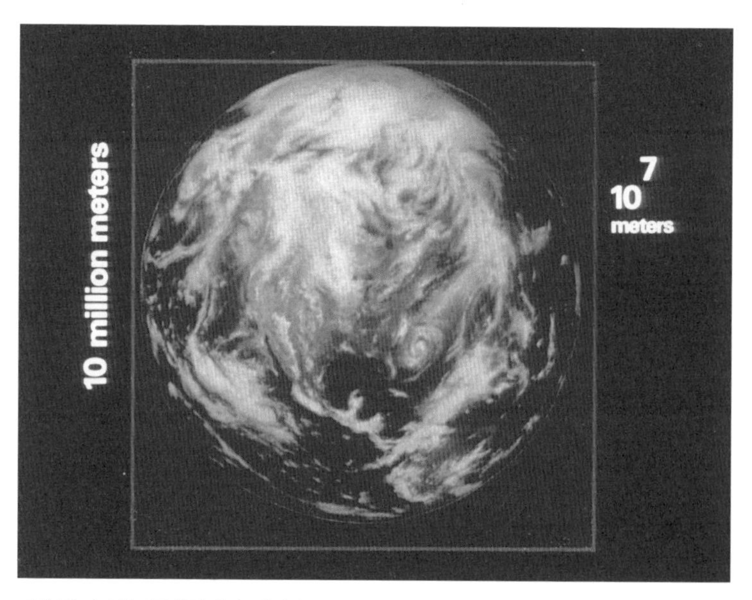

그림 29 〈10의 거듭제곱〉에서 10^7미터 높이에 이르자 지구 전체가 눈에 들어온다. © 1977, 2020 Eames Office, LLC (eamesoffice.com)

안 그 정육면체가 기준이 된다. 10^1에서 대상은 분명하다. 화창한 날 담요 위에서 한적한 시간을 보내는 남녀 한 쌍. 처음에는 담요 위의 커플이 화면을 채우지만, 서서히 카메라가 하늘 위로 올라가면서 상대적으로 그들의 크기는 줄어든다. "너비가 100미터가 될 때까지 올라가 그들이 보이지 않게 되어도 화면의 중심은 소풍객이 될 겁니다." 모리슨은 이어서 말한다. "100미터는 사람이 10초 동안 달릴 수 있는 거리입니다." 카메라는 계속해서 줌아웃을 한다. "이 사각형의 폭은 1킬로미터입니다……. 호숫가의 거대한 도시가 보입니다." 카메라는 계속해서 마술처럼 위로 떠오른다. 마치 외계 우주선

이 끌어올리는 것 같다. 카메라가 소풍객에게서 멀어져 빠르게 떠올라, 10^7미터 높이가 되었을 때 우리는 중요한 순간에 도달한다. "이제 우리는 지구 전체를 볼 수 있습니다."

긴급한 내레이션과 카메라의 상승이 10^{24}미터에서 최고조에 도달하면, 우리는 방대한 우주에서 하나의 점처럼 작아진다.

그때 카메라는 빠르게 줌인하여 2초마다 10분의 1 높이를 보여주면서 담요 위의 남녀에게 되돌아가 여전히 담요에 몸을 눕히고 쉬는 커플 위에 잠시 멈춘다. 그때 카메라는 또 다른 속임수를 부린다. 남자의 배에 놓인 손을 줌인하여 미시의 세계로 들어가기 시작한다. 카메라는 기적적으로 피부 속 깊이 들어간 다음, 세포와 분자, 그리고 원자 수준인 10^{-16}(또는 0.000001옹스트롬)미터 폭에 도달한다. 영화가 10^{-14}에서 10^{-16}까지 줌인해 들어갈 때, 내레이터는 우리 지식의 한계에 이르렀음을 인정한다. "단일한 양성자가 우리의 화면을 채울 때 우리는 현재 지식의 한계에 도달합니다. 이 쿼크들은 격렬하게 상호작용하고 있을까요?"

〈10의 거듭제곱〉은 개념적으로 경이로울 뿐만 아니라, 놀라운 애니메이션 기술을 이용한 작품이기도 하다. 1977년에 임스 부부는 컴퓨터를 이용한 현대의 마법을 마음대로 활용하지 못했다. 이들은 숫자에 대한 우리의 이해를 재구성하는 영화를 만들고, 우리의 우주에 있는 머나먼 수평선에서 세상을 구성하는 보이지 않는 힘까지 관통하기 위해 명백히 다양한 학문적 배경에 의지했다. 임스 부부와 함께 책과 영화를 만든 필립 모리슨과 필리스 모리슨Phylis Morrison은 특별한 학문적 재능을 이 프로젝트에 바쳤다. 필립 모리슨은 MIT의 물리학 및 천문학 교수였고, 필리스 모리슨은 과학과 미술을 아이들과 교사들에게 가르쳤다.

두 명의 소풍객에서 시카고시로, 지구 전체로, 쿼크로, 우리 지식의 한계로, 임스 부부의 〈10의 거듭제곱〉은 우리의 관점을 효과적으로 그리고 계속해서 재구성한다. 〈10의 거듭제곱〉을 볼 기회가 없었던 사람에게도 임스 부부가 개발한 특수효과가 익숙한 것은 디지털 내비게이션 애플리케이션 덕분이다. 2005년에 출시된 구글 지도는 연속 화면으로 땅을 확대하거나 축소해서 보여주는 동일한 줌 카메라 기법을 지도 애플리케이션에 통합했다. 지도나 위성사진을 줌인하고 줌아웃하는 것은 이제 아주 간단한 일이 되었지만, 〈10의 거듭제곱〉에서는 강력한 인상을 준다. 시카고의 호수 공원에서 평화로운 시간을 만끽하는 커플에서 시작해 밝게 빛나는 우리의 행성이 우주 속으로 사라질 때까지 계속된 우리의 여행은 임스 부부가 발명한 흰 프레임 덕분에 안락해진다. 시각적인 측면을 다루는 솜씨가 명민하기 그지없다.

이 영화는 커플에서 도시로, 행성으로, 우주로 연속적으로 줌아웃이나 줌인함으로써 관점을 재구성하여, 우리에게 새로운 정보와 통찰을 비롯해 새로운 맥락의 생각거리를 제공한다. 10^1에서는 휴식 중인 커플의 관계에 주목하게 된다. 10^3에서는 시카고가 보인다. 이 도시 중산층의 생활양식(소풍 온 커플)은 과거에도 지금도 골칫거리인 인종과 불평등, 정의를 둘러싼 긴장이라는 우리에게 보이지 않는 것과 극명한 대조를 이룬다. 10^7에서 우리는 행성과 행성의 위태로운 환경에 대해 고민한다. 10^{24}에서는 우주에서 우리의 역할 만큼이나 작디작은 점이 되면서, 존재론적 의문이 제기된다. 그리고 다시 원자보다 작은 세계로 내려간다. 스케일이 바뀔 때마다 문제, 도전, 기회, 맥락도 함께 바뀐다. 프레임은 내용과 맥락에 역동적인 긴장 상태를 부여한다. 각각의 시점에서 드러냄과 집중하기를 반복하면서 문제를 감추고 다른 문제들을 노출한다.

스케일 프레이밍 전략

우리는 임스 부부의 〈10의 거듭제곱〉에서 무엇을 배울 수 있을까? 오늘날 스케일과 복잡도, 시스템 변화를 더 잘 이해하고 활용하는 데 도움이 될지도 모른다. 각각의 10의 거듭제곱을 기준으로 삼아 복잡하게 꼬인 문제를 해결할 전략을 세울 수 있을 것이다. 적어도 효율을 높일 수는 있을 것이다.

이를 위해 한 가지 방법을 사용할 텐데, 나는 이 방법을 '스케일 프레이밍scalar framing', 즉 스케일로 틀 짜기라고 부른다. 이는 가정을 의심하고, 협업을 유도하며, 레버리지 포인트*가 명백하지 않은 문제에서 그 지점을 찾아주는 유동적이고 개념적인 틀이다. 임스 부부가 개발한 10의 거듭제곱 프레임은 사회적 단위를 표현하는 데도 적합하지만, 이러한 사회적 단위는 엄격하고 고정된 범주라기보다는 비유로서 기능을 한다. 예를 들어, 10^1은 개인, 10^2은 가족, 10^3은 이웃, 10^4은 마을, 10^5은 도시, 10^6은 지역, 10^7은 국가의 일부, 10^8은 국가, 10^9은 대륙, 10^{10}은 지구라고 생각할 수 있을 것이다.[3]

이러한 프레임워크는 임의적이고 편리함을 위한 것으로, 누구나 여러 가지 방법으로 상황에 맞게 더욱 효율적인 프레임워크를 생각해낼 수 있다. 예를 들어, 지리적 장소를 기준으로 한 프레임워크는 우리가 지금 지리적 장소에 얽매이지 않는 공동체 안에서 교류하며, 우리의 친구들과 동료들은 이제 네트워크를 기반으로 전 세계에 분산되어 있다는 사실을 무시하는 것이다. 따라서 사용자에서 대화, 스레드, 대화방, 플랫폼, 네트워크, 그리고 그 이상까지 확장되는 식의 좀 더 개념적인 방식으로도 사용될 수 있을 것이다.

또한 이것은 인간중심적으로 개념적 프레임을 적용한 것이라는 사실을 알아야 한다. 인간과 인간 사회를 인간이 아닌 것(이를테면 미생물, 곤충, 식물, 동물)보다 우선시하기 때문이다. 우리가 인간 대신 세포, 미생물, 유기체, 암석, 식물, 파충류, 생물군계, 생태계, 생물

---

* leverage point, 적은 힘으로 물건을 들어 올리는 지렛대의 힘처럼 효과를 극대화하는 전략 지점을 말한다.

지역bioregion, 지구, 대기 수준에 초점을 맞춘다면 각각의 스케일 프레임은 어떤 모습일까? 예를 들어, 인구가 밀집한 환경의 쓰레기 문제는 현재 인간의 쓰레기 관련 습성과 밀접한 관련이 있는 파리, 설치류, 너구리, 사슴, 곰 등을 고려해야 할 것이다. 누군가는 우리의 기후 문제가 대부분 인간이 아닌 것의 관점을 무시하는 인간의 성향에 따른 결과라고 주장한다.[4]

스케일 프레이밍은 복잡한 층위를 절묘하게 가늠할 유연한 접근 방법을 제공하여, 간과된 기회, 이해관계자, 제약 조건, 협업자, 새로운 관점을 식별할 수 있게 한다. 다만 무비판적으로 적용된다면, 매 시점마다 편견과 편협한 시각이 생기게 될 것이다.

스케일 프레이밍의 예

스케일 프레이밍이 효과가 있는지 알아보기 위해서는, 먼저 이 프레이밍이 얼마나 융통성이 있는지 설명해주는 한 가지 사례를 보여주면 도움이 될 것이다.

예를 들어, 뉴욕 같은 곳에서 간편하게 자전거를 타고 싶다면 무엇부터 해야 할까? 자전거는 건강에 좋고, 안전하며, 효율적이고, 도시의 지속 가능한 이동수단이다. 또한 대중의 건강, 대기의 질, 소음 감소 등 도시 환경을 위해 다수의 연쇄적이고 긍정적인 효과를 미친다. 하지만 미국에서는 다양한 이유로 도시의 자전거 이용률이 다른 나라보다 낮은데, 아시아와 북유럽에 비하면 특히 낮다. 뉴욕 같은 도시에는 다른 도시에 없는 골칫거리가 더 있다. 불친절한 겨울 날씨는 말할 것도 없고, 위태롭게 질주하는 택시와 공격적으로 운행하는 버스 등으로 악명이 높다. 월드워치연구소Worldwatch Institute에 따르면, "교통수단 중 자전거의 점유율은 나라마다 크게 다르다. 중국의 도시들은 자가용에 대한 소비자의 관심이 커지고 있음에도 여전히 자전거를 타는 비율이 세계 최상위권을 기록한다. 톈진, 시안, 스자좡 같은 자전거를 많이 타는 도시에서는 자전거가 전체 교통수단 중 절반 이상을 차지한다. 서구권에서는 네덜란드, 덴마크, 독일의 교통수단 중 자전거 이용률이 10~27퍼센트로 가장 높다. 이는 영국과 미국, 오스트레일리아 등의 이용률이 약 1퍼센트 정도인 것과 비교된다".[5] 뉴욕시는 매일 수백만 명이 이용하는 이미 세계 수준의 지하철 시스템 등 대중교통을 자랑한다. 최근 자전거 기반시설을 개선하긴 했지만 여전히 차는 막히고, 자전거 통근은 심장 약한 사람에게는 엄두도 못 낼 일이다.

우리가 뉴욕시에서 자전거 타는 사람들의 수를 늘리고자 한다면, 어떻게 스케일 프레이밍 방법을 이용하여 새로운 방식으로 문제를 파악할 전략을 찾을 수 있을까? 문제를 더욱 구체화하기 위해 우리는 디자이너의 관점에서 가능한 일들을 살펴볼 것이다(누군가는 공학, 정책, 사업, 의약, 사회복지 등 문제 중심적인 관점에서 살펴볼 수도 있을 것이다). 시작은 당연하게도 개인의 수준에서다.

10^1: 〈10의 거듭제곱〉의 프레이밍 전략을 빌려와, 디자이너가 10^1 수준, 즉 개인의 수준에서 어떻게 자전거 이용률을 높일 수 있을지 고민해보자.[6] 수많은 개인에게 자전거는 그 자체가 짐이자 사용하기 꺼려지는 물건이다. 무겁고, 거추장스러우며, 가지고 다니기 불편한 자전거 차체와 복잡한 부품(지금은 조립된 상태이긴 하지만) 탓에 계단을 올라가기도 어려우며, 도둑 맞기 쉽고, 대중교통에 가지고 타는 것도 쉽지 않다. 만일 디자이너들이 자전거 차체를 처음부터 다시 생각해서 쉽게 접을 수 있고, 간편하고, 가볍고, 훔쳐 가기 어렵고, 기분 좋게 탈 수 있게 만든다면, 많은 사람이 화석연료 교통수단 대신 인간의 동력을 이용하는 교통수단을 선택할 수도 있을 것이다.

지난 수십 년 동안 자전거의 형태와 제작 기술에서 주목할 만한 혁신이 있었지만, 사람들이 자전거 통근에 대해 가진 이미지를 근본적으로 바꾸어놓기에는 충분하지 않았다. 가볍고, 접을 수 있는 스쿠터가 이따금 자전거 시장에 침범했지만, 아직 도로에서의 존재감은 크지 않다. 이와 유사하게, 작은 접이식 자전거가 큰 인기를 끌기도 했지만, 전반적인 통근 패턴에 실질적 영향을 미치지는 못했다. 따라서, 10^1 단계에서 우리는 이것이 제품 디자인의 문제라고 말할 수도 있을 것이다. 디자이너들이 통근 생활방식과 제약에 적절한 자전거를 만들 수 있다면, 더 많은 사람이 기꺼이 자동차와 대중교통

그림 30 10^1 단계. 개인의 차원에서 자전거 이용률을 높이는 문제는 제품 디자인과 관련지어볼 수 있다.

대신 자전거를 선택할 것이다.

10^2: 10^2로, 즉 건물과 인도와 도로 수준으로 줌 아웃하면, 자전거 타기의 명백한 역학관계와 저해 요인이 나타난다. 뉴욕 같은 도시는 당연히 많은 사람이 자전거를 소유하거나 타고 다니기 위해서 조성되지 않았다. 미국 평균과 비교하면 뉴욕의 아파트는 작은 크기로 분할하거나 공유해서 사는 경우가 많다. 많은 건물이 늘어나는 자전거 인구에 대응하여 지하 공간을 자전거 보관 장소로 사용하고 있지만, 여전히 부족하다. 인도는 많은 수의 자전거를 주차하기에 전혀 적합하지 않다. 뉴욕 최초의 자전거 공유시스템인 시티바이크Citi Bike는 자전거 수가 그리 많지 않았음에도 자전거를 수용하기 위해서 도로를 전용하고 첨단기술을 사용한 울타리를 개발해야 했다.

그림 31 10^2 단계. 건물과 인도와 도로 수준으로 줌아웃하자 이제 문제는 건축 디자인 문제로 바뀐다.

10^2에서는 제품 디자인 문제에서 건축 디자인 문제로 바뀐다. 어떻게 하면 많은 수의 자전거 통근자와 그들의 자전거를 수용할 수 있도록 도시를 (지어진 상태를 유지하면서) 개량할 수 있을까?

10^3: 10^3에서는 건물과 인도가 물러나고 뉴욕시의 그 유명한 격자 도로가 나타난다. 뉴욕의 자전거 이용자가 봤을 때 뉴욕의 도로에서는 자동차가 왕이고 자전거는 기껏해야 있어도 그만 없어도 그만 같은 존재이거나 최악의 경우 '성가신 골칫거리'일 뿐이다. 도로는 최대의 자동차 교통량을 처리할 수 있게 설계되었고, 차선을 따라 자전거 전용 차선을 만들어 자전거 이용자들의 필요에 응답한 것은 최근에 들어서였다. 많은 도시에서는 주차선을 옮겨 자전거가 안전하게 다닐 수 있도록 자전거 도로 옆으로 완충도로를 만들었

그림 32 10^3 단계. 우리는 어떻게 도시의 거리 풍경에서 자전거가 환영받는 모습을 새롭게 상상할 수 있을까.

고, 이 방식은 뉴욕에서도 널리 쓰인다. 뉴욕의 스트리트는 네 바퀴가 달린 교통수단이 우선하도록 만들어졌고, 보행자는 그다음이다. 뉴욕의 애비뉴는 모험심 넘치는 택시 운전사라면 미국에서 가장 인구밀도가 높은 도시에서 많은 보행자가 늘어선 도로 위를 (녹색 불만 제때 들어온다면) 시속 70~80킬로미터까지는 손쉽게 속도를 높일 수 있을 만큼 넓다.* 이러한 무질서에 더하여 정신이 혼미할 정도로 다양한 인력(인력이 아닌 것도 있다) 추진 이동수단들이 현재 뉴욕과 뉴욕의 인도를 누비고 있다. 롤러블레이드, 스케이트보드, 마차, 오토바이, 스쿠터, 3륜 자전거, 호버보드, 외바퀴 자전거를 비롯해 창의적인 뉴요커들이 출근길을 앞당기기 위해 마련한 이동수단들이다.

---

* 뉴욕에서 스트리트street는 동서로, 애비뉴avenue는 남북으로 뻗은 도로를 이른다.

10^3에서는 더 이상 제품 디자인이나 건축 설계 문제가 아닌 도시 디자인 문제로 옮겨갔다. 우리는 어떻게 인력을 동력으로 삼는 이동수단이 도시의 거리 풍경에서 환영받는 모습을 새롭게 상상할 수 있을까? 그리고 어떻게 그 과정에서 차량 이동을 방해하지 않고 도로 상황을 악화시키지 않으며 변화를 만들 수 있을까?

10^4: 열 배 더 멀어지면, 어떻게 하면 자전거 이용률을 높일 수 있을지 고심하는 맨해튼 전체의 모습이 보인다. 2013년, 뉴욕시는 시티바이크 서비스를 시작했다. 처음으로 자전거 공유 서비스에 손을 댄 것이었다. 유럽과 미국의 여러 도시는 이용객이 한 지역에서 공유 자전거 중 한 대를 골라 탄 다음 목적지 근처 대여소에 자전거를 놓고 가는 자전거 공유시스템에서 이미 성공적인 경험을 한 바 있었다. 하지만 이러한 시스템이 저절로 잘 운영되는 경우는 거의 없다. 보통 한가한 시간이나 밤에 지자체 직원들이 커다란 트럭을 타고 다니면서 자전거가 없는 대여소나, 공간이 없어서 자전거를 주차하지 못하거나 잠가놓지 못하는 대여소가 없도록 자전거를 재배치한다. 이용자 측면을 고려한다면, 서비스는 이해하기 쉬워야 하고, 공공 기물 파손이나 날씨에 대비해야 하고, 고장이 적어야 하며, 가격이 저렴해야 하고, 일일 이용객과 자전거 통근객 모두에게 호감을 주어야 하고, 안전해야 하고, 대여소가 많이 있어 불편하지 않아야 하고, (해외 관광객의 호감을 끌기 위해서는) 다양한 언어로 이용할 수

그림 33 10^4 단계. 이 단계에서 문제는 서비스 설계에 관한 것이다.

있어야 한다.

이렇게 10^4에서는 서비스 설계에 대한 문제로 바뀐다. 자전거 공유 서비스가 다양한 이용객과 만나 재정적인 성공을 거두어야 하는 문제이다. 우리는 어떻게 하면 경제적이고, 편리하며, 유지보수에 드는 노력이 적고, 사용하기 쉬우면서도, 가지각색의 필요와 여건을 지닌 다양한 사람을 수용하는 자원 공유시스템을 만들 수 있을까?

10^5: 뉴욕시란 단지 하나의 도시가 아니라 인근 뉴저지주와 코네티컷주를 가로질러 쭉 뻗어 있는 어마어마한 규모의 대도시권을 이른다. 통근객에게 서비스를 제공하는 여러 교통 당국(뉴욕시교통국, 뉴욕뉴저지항만관리청, 롱아일랜드철도, 메트로노스철도, 뉴저지교통, 전미여객철도공사)은 결함이 있고 조화를 이루지 못하며 특별히 협조

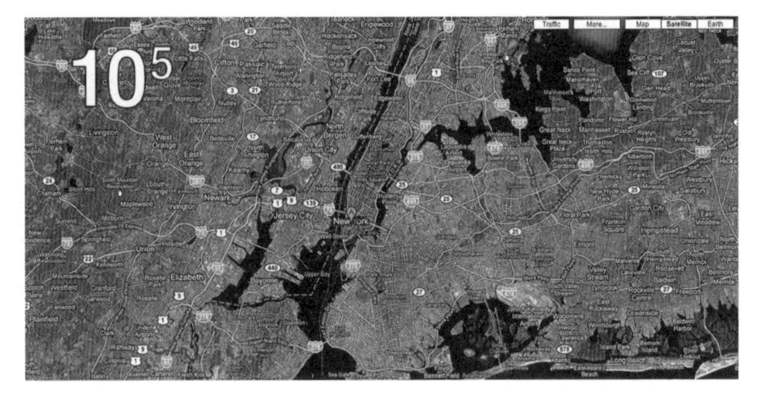

그림 34 10^5 단계. 도시 외곽 지역의 자전거 통근자에게 필요한 것은 여러 지자체와 정부 당국이 매끄럽게 협조하는 것이다.

가 잘되는 편도 아니다. 10^5 수준에서 도시 외곽 지역의 자전거 통근자에게 필요한 것은 이러한 여러 지자체와 정부 당국이 매끄럽게 협조하는 것이다.

예컨대 한 자전거 통근자는 뉴저지 외곽에 있는 자기 집에서 자전거를 탄 다음 PATH 열차*를 타고 펜실베이니아 역에 도착해서, 다른 카드시스템을 이용하여 브루클린으로 가는 지하철을 탄다. 그리고 자전거를 타고 종착지인 사무실까지 간다. 가는 도중 서로 다른 규정과 법령, 자전거를 가지고 탈 수 있는 열차와 그렇지 않은 열차를 구별해야 한다. 복잡하긴 하지만(그리고 10^5에서 우리는 이것이 시

---

* Port Authority Trans Hudson의 약어로, 뉴욕뉴저지항만관리청Port Authority of New York and New Jersey에서 운영하는 뉴욕과 뉴어크를 잇는 철도 시스템이다.

스템 설계 문제라는 것을 보게 된다), 많은 사람이 교통비를 줄이기 위해서, 환경에 영향을 미치지 않기 위해서, 혹은 교량과 터널의 교통 상황 악화를 피하기 위해서 이러한 선택을 한다.

여러 교통 당국 각각의 특성과 이해관계가 다르기 때문에 이런 시스템을 통합하려면 그로 인한 이점을 이해하는 폭넓은 시야와 변화를 실제로 만들 수 있는 정치적 영향력이 필요하다. 어떤 집단이 이러한 세분화된 시스템을 통합할 것이며, 누구의 이익에 부합할 것인가? 어떻게 공공의 편의와 건강, 안전을 증진하는 동시에 파편화로 인한 복잡성을 감소시키는 방식으로 여러 교통 당국을 아우르는 자전거 통근 장려 정책을 설계할 것인가?

10^6: 10^6에서 뉴욕시는 동부 해안 지도 위에 있는 작은 점이다. 워싱턴 DC가 이제 가시권에 들어온다. 이 정도의 전국적 규모에서는 도시의 자전거 이용을 지원하는 연방정부의 정책에 대한 질문을 던질 수 있다. 아니면 조금 더 분명하게 물을 수도 있다. 연방 정부는 역사적으로 왜 과다한 보조금을 자동차에 지급해가면서까지, 철도, 버스, 자전거 등 대부분의 다른 교통수단에 손해를 끼쳤을까?

많은 사람이 20세기에 '미국식 생활방식'이 부흥한 이유 가운데 도로체계가 주거 방식, 재산 소유, 소비 등의 전반적인 생활양식에 미친 영향력이 상당 부분을 차지한다고 주장할 것이다. 주와 주를 연결하는 도로시스템은 많은 나라의 부러움의 대상(특히 그 나라의

그림 35 10^6 단계. 전국적 규모에서는 도시의 자전거 이용을 지원하는 연방정부의 정책에 대한 질문을 던질 수 있다.

지리적 크기가 거대하다면)이자 20세기 건축 기술의 경이적인 성과이다. 공적자금이 투입된 고속도로 기반시설은 제너럴모터스가 포드, 크라이슬러 등과 함께 20세기 중반 세계 최대의 기업이 되는 데 큰 힘을 실어주었다. 하지만 '빅 스리'의 부흥은 그 기업들이 강력한 로비 활동을 통해 공공정책에 큰 영향력을 행사했다는 뜻이기도 하다. 이 사실은 미국의 주 사이를 달리는 민관 철도시스템(암트랙)*이 왜 그렇게 보잘것없는지, 왜 서명만 하면 영영 사라질 상태에 이르렀는지 설명해준다.

미국 도시에서 버스와 전차를 비롯한 기타 교통수단들은 다른 현대적 국가에 비해서 한심할 정도로 자금지원을 받지 못한다. 자신

* 전미여객철도공사에서 운영하는 철도시스템.

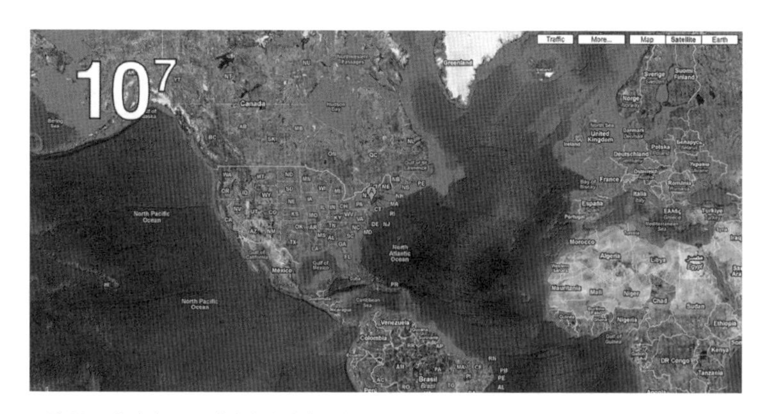

그림 36 10^7 단계. 모든 사람이 자전거를 가지고 있다면 글로벌 생태발자국은 얼마나 될까.

이 소유한 자동차에 대한 애정은 이제 야구, 애플(IT기업), 파이만큼이나 미국인의 문화 유전자의 일부를 구성하고 있다. 이 스케일에서 자동차가 아닌 교통수단의 수송을 우선시하고 자전거 이용자를 포용하는 장기적이고 미래지향적인 도시계획의 가능성은 정책 설계의 문제이다. 어떻게 공공분야와 이익집단이 자동차가 아니라 인력을 이용하는 교통수단에 비용을 지출하도록 만들 수 있을까?

10^7: 10^7에서 우리는 이제 '도시에서 자전거 타기'라는 문제의 해결책이 국제적 스케일의 문제와 관련이 있는 것은 아닌지 질문을 던져보아야 하는 수준에 이른다. 예를 들어, 모든 사람이 자전거를 가지고 있다면 자원 조달, 제조, 생산에 대한 글로벌 생태발자국은 얼마나 될까? 이 정도 수준의 생산을 지속하려면 어떤 원자재가 필

요할까? 자전거 산업이 환경에 미치는 영향은 얼마나 될까? 광산이나 공장에서 일하는 사람들의 노동환경은 어떠한가? 대량의 자전거 생산에서 발생한 부를 어떻게 분배해야 할까? 그리고 이러한 원자재와 재화의 거래를 통해 우리는 어떤 정권을 지원해주게 되는 것일까? 어떻게 하면 다른 지역의 환경과 정치에 악영향을 미치지 않으면서 지역 자원과 상황에 적절한 방향을 수립할 수 있을까?

새로운 스케일에서 새로운 기회가 나타난다

여러 스케일에서 무한히 반복되는 질문을 마주하다 보면 무기력해지기 쉽다. 이와 더불어 지역의 모든 문제는 영향력을 행사하는 여러 주체들이 복잡하게 얽혀 있어서, 큰 스케일의 문제는 고사하고 작은 스케일의 문제를 해결하는 것도 어렵다. 이런 스케일 프레이밍은 평범한 문제를 전 지구적 악성 문제로 바꿔놓을 위험이 있다. 하지만 이 프레이밍의 핵심은 실제 상황에서 영향력을 행사하고 싶은 사람이라면 전반적인 역학관계에 맞서야 한다고 주장하는 것이 아니다. 스케일 프레이밍은 시스템의 스케일이 커지거나 작아질 때 새로운 기회가 나타난다는 사실에서 힘을 얻는다. 마치 한 잔의 물이 끓는점에서 수증기가 되거나, 애벌레가 충분한 에너지를 통해 화려한 나비가 되듯이, 우리가 시스템의 스케일을 키웠다 줄였다 하는 사이에 문제의 형태가 바뀌게 된다. 그리고 그 과정에서 새로운 기회가 드러나기도 한다.

다음은 스케일 프레이밍에서 얻을 수 있는 네 가지 교훈이다.

1. 지역적인 문제는 또한 전체적인 문제일 수도 있다. 오늘날 지역 상황에 새로운 유형의 압력을 행사하는 전체적인 세력이 어떤 식으로든 직접적으로 연관되지 않은 지역 문제는 거의 없다. 모든 문제가 전체의 문제라고 주장하는 것은 어리석은 일이겠지만, 지역 정치, 공해, 폭력, 재정, 지역 설정, 교육, 기반시설 등을 구성하는 시스템들은 지역에 뿌리를 두고 있어도 가장 높은 잎새와 가지는 국제적 시스템과 정치라는 전선에 얽히는 경우가 많다. 국제적 스케일의 문제가 아닐지라도 전국적인 혹은 어느 지방 전역이 기원이 되는 경우가 많다. 결론적으로, 문제를 분명하고 명시적인 형태로만 보겠다는 것은 무책임하다. 스케일을 이용하여 문제를 재구성한다면 다른 스케일에서는 보이지 않았던 새로운 의미를 발견할 기회를 얻을 수도 있다.

2. 자신만의 능력을 최대화하는 스케일에서 행동하라. 자전거업계의 이해관계자들과 연줄이 없는 자전거 제조업자가 시스템에 관여할 가장 좋은 방법은 자전거를 재설계하는 것일 수 있다. 그 영향력은 다소 제한적일 수 있지만, 올바른 방향을 제시하여 다른 변화를 촉

발하는 촉매제가 되기도 한다. 하지만 지역 정치에 관련이 있는 친구들과 함께 주말에 자전거를 타는 자전거 애호가라면, 정치인 친구와 함께 정책이나 정책 지지에 관한 문제에 집중하는 방법이 보다 효과적인 전략일 수 있다. 자전거 이용자이며 정치적으로 지지하는 바가 있는 그를 통해 다른 정치인이라면 가지지 못할 정치 문제에 대한 지역적이고 전문적인 통찰을 얻을 수도 있는 것이다. 그러한 세계관의 충돌은 대화의 방향을 바꾸고 새로운 방향을 밝혀줄 기폭제와 단초를 제공하기도 한다.

3. 문제를 새로운 스케일을 기반으로 재구성할 때 통찰을 얻는다. 우리는 모두 시스템 설계자들이 '제한적 합리성bounded rationality'이라고 명명한 것에 시달리고 있다. 시스템의 구석구석을 모두 잘 알 수는 없다. 또한 시스템 내 모든 사람의 동기와 행동을 다 알 수는 없다. 결과적으로 우리는 전반적인 상황에 대해 언제나 제한적 지식밖에 가질 수 없다. 우리는 그러한 제한적 정보에 따라 합리적으로 행동하지만, 그러한 합리성은 우리가 모른다는 사실조차 알지 못하는 것들로부터 위협을 받는다. 우리의 관점과 스케일을 버스 운전기사, 교통 전문가, 시의원 등과 바꾼다면, 그들의 경험에 대해 더 크게 공감할 뿐 아니라, 우리 자신에 대한 새로운 관점을 얻을 수 있다. 도넬라 메도즈가 말하길, "변화는 시스템 내부의 어느 곳에서나 볼 수 있는 제한된 정보를 벗어나 전체를 둘러보는 것에서 시작된다. 폭넓

은 시각에서 정보의 흐름, 목표, 촉진 요인과 저해 요인 등이 재구성될 때, 개별적이고 제한적이며 합리적인 행동이 더해져 모든 사람이 원하는 결과로 이어질 수 있다".[7] 더군다나 다른 사람의 입장에 서서 그러한 관점에서 나온 행동의 여러 가지 맥락을 이해해보는 것은 그러지 않았다면 명백하게 드러나지 않았을 통찰과 발상을 안겨주기도 한다. 그리고 확실히 같은 헛수고를 반복하는 것을 막아준다.

4. 새로운 스케일에서 새로운 협력자가 나타날 수 있다. 새로운 스케일로 문제를 다시 생각해보는 단순한 행동이 필수적인 협력자가 될지도 모를 행위자와 이해관계자를 뚜렷하게 드러내기도 한다. 자전거 디자이너는 아마도 버스 운전기사와 협력하는 것을 한 번도 생각해보지 않았을지도 모르지만, 버스 운전기사(주말에 자전거를 탈지도 모른다)는 가시성, 도로 공유, 교통공학, 버스를 이용한 자전거 통근 등에 대하여 자전거 이용자가 생각해보지 못한 통찰을 해왔을 수도 있다. 혹은 자전거 공유 서비스를 시작하는 기관과 함께 일하게 된다면 다른 나라의 선례를 검토해볼 수도 있고, 그에 따라 기존에 검토하지 않았던 문화적 대안이 드러날 수도 있다. 생각의 스케일을 바꿈으로써 새로운 이해관계자와 문제를 공유한다면, 공감대와 대안적 전략의 폭이 늘어날 뿐만 아니라, 오래된 문제를 해결할 수 있는 새로운 방법이 나타날 수 있다.

스케일 프레이밍은 그 자체가 해결책이라기보다는, 창의적인 문제 해결 프로세스가 난관에 봉착했을 때 새로운 아이디어와 협력자를 찾아주는 한 가지 방법이다. 스케일 프레이밍 과정에서 우리 모두 더 넓은 영역의 스케일로 이동하면서 이전에는 인지하지 못했던 새로운 가능성을 파악할 수 있다. 우리는 (다른 사람의 시각으로) 감정을 이입하여 보게 되고, 새로운 이해관계자와 전략적 협력자를 파악함으로써 문제 해결 과정이 강화된다.

가장 효율적인 스케일 찾기

연민과 관용, 이타심에서 비롯된 행동이 사람들의 삶을 바꿀 수 있지만, 그러한 행동으로 진실되고 긍정적인 감정이 생성된다 할지라도 시스템을 반드시 올바른 방향으로 움직인다고는 할 수 없다. 플라스틱 음료수병을 재활용하여 플리스*를 만든 것은 패션 소매업에서 보기 드문 환경주의에 기반한 성공 사례이지만, 이후 그러한 초미세 합성섬유로 인해 새롭고 당황스러운 골칫거리가 나타났다. 섬유가 너무 가늘어서 세탁을 할 때 정수 처리 필터를 그대로 통과해 수로로 들어가면서 (이제야 겨우 어떤 영역에 피해를 주는지 이해하

* fleece, 화학 옷감의 일종.

기 시작한) 환경 재해를 일으킨다는 것이다. 좋은 일을 했건만 고통만 받는 것 같기도 하다. 모든 작은 결정과 관련해서 불확실성의 혼돈과 마주하게 되는 개인은 무기력해질 수도 있다. 예를 들어, 기차 대신 자동차를 타고 두 시간 동안 가는 것이 환경적으로 더 위해를 끼치는 행동일까? 온라인에서 볼 수 있는 시끌벅적한 연구들이 믿을 만한 것인지 의구심이 드는 것은 말할 필요도 없다(이는 또 다른 스케일 문제다). 그리고 그러한 결정을 내리기 위해 누가 차를 타고 가는 시간에 버금 가는 시간을 들여 그런 연구를 들여다보고 있겠는가?

게다가 일상에서 레버리지 포인트, 즉 적절한 변화를 일으킬 수 있는 지점들을 생각하고 그에 맞춰 행동할 수 있는 사람은 거의 없다. 종이봉투 대 비닐봉투, 자가용 대 기차, 슈퍼마켓에서 파는 싼 농산물 대 농장에서 직접 사는 비싼 유기농 채소, 취직 대 학자금 대출. 이러한 일상의 결정은 우리를 여러 갈래로 펼쳐진 길 앞에 혼자 서 있도록 만든다. 하지만 스케일 프레이밍을 거꾸로 뒤집어볼 수도 있다. 말하자면, 개인의 행동과 결정에 따른 결과를 통해 생각하는 것이다. 이것을 일종의 스케일 윤리학으로 묘사할 수도 있다. 스케일을 확실성과 위험, 영향력의 다양한 정도를 탐험하기 위한 의사결정의 틀로 사용하는 것이다. 복잡계 내부에서 우리의 지식은 언제나 부분적이지만, 스케일을 통하여 생각한다면 이러한 한계에 대한 깨달음은 우리의 행동에 효과적인 길잡이가 될 수 있다.

우리가 비교적 사소한 의사결정에 직면했을 때, 스케일 프레이밍의 단위(개인, 가족, 이웃, 공동체, 도시 등)를 이용하여 선택지에 대해 충분히 생각하면 어떠한 영향과 위험이 닥칠지 예측할 수 있다. 문제는 스케일이 바뀌면 확실성과 위험성의 균형도 바뀐다는 사실이다. 다른 식으로 생각한다면, 우리는 어느 스케일에서 우리의 행동이 우리의 도덕과 정치적 가치에 가장 잘 어울리는지 알아보기 위해 직접성immediacy에 관한 동심원들을 그릴 수 있다. 점점 더 커지는 각각의 스케일(외부를 향해 커지는 각각의 원)은 외부의 부정적 요소가 영향을 줄 위험이 증가하는 동안 우리가 한 행동이 영향을 미치는 영역은 얼마나 넓어지는지를 보여준다.

설명을 위해, 뉴저지주 뉴어크에 사는 32세의 어느 자영업자를 상상해보자. 사업은 잘되고 있지만, 그녀는 열악한 공공교육 시스템이 자신의 작은 사업뿐만 아니라, 아이들을 가난의 대물림에서 벗어나게 하려고 기를 쓰는 손님들에게도 영향을 미치고 있다는 것을 안다. 그녀는 아이가 없기에 남들에게 책임을 돌리면 그만이지만, 도시의 문제점들이 끼치는 현저한 영향력이 그녀의 머릿속에서 떠나지 않는다. 그녀는 이 문제를 해결하는 데 참여하고 싶다. 그런데 마크 저커버그의 억만금도 소용이 없었다면 그녀가 무엇을 할 수 있을까?

- **10^1 – 개인:** 그녀는 자신이 미치는 영향을 제한해보기로 하는데, 이는

영향을 미치고 있다는 사실을 확인하기 위해서다. 그녀는 지역 공공 학교에 자원하여 위험 환경에 있는 아이들을 지도하기로 한다. 그녀는 한 명의 학생을 지도하는 것부터 시작한다. 이러한 행동은 그 아이에게 직접적인 영향을 미친다. 그녀는 그 아이가 자신감이 커지고 실력도 늘어가는 모습을 지켜본다. 이는 그녀의 행동이 큰 문제를 해결하지는 못하겠지만 긍정적 영향을 미친다는 사실을 명백하게 보여준다.

- **10^2 – 가족:** 그녀는 자신이 아이를 지도하는 것이 긍정적 영향을 주긴 하지만, 아이가 성공적으로 학교생활을 하려면 가족의 든든한 지원이 필요하다는 사실을 깨닫는다. 하지만 재정적으로 어려운 가족에게는 큰 부담이 될 수 있다. 그래서 그녀는 '큰언니' 역할을 하기로 한다. 3학년 아이의 멘토로서 그 가족에게 아이가 성공하게 길잡이 역할을 해주는 것이다.
- **10^3 – 이웃:** 그녀는 한 아이와 그 가족에게 도움을 줄 수 있어 보람을 느끼면서 더 많은 학생을 위해 할 수 있는 일이 있을 것이라 생각한다. 그녀는 동네에 있는 중학교에서 자원봉사를 하기 시작한다. 운동장 벽화를 구상해 그리는 것을 돕고, 교실 창문을 청소하고, 운동장 쓰레기를 치우고, 때로는 교실 자원봉사자로 활동한다. 이것은 모두 학습환경을 개선하는 데 기여하고 학생들이 학교생활을 잘할 수 있도록 도와주는 것이다. 그녀의 행동은 한 중학교 학생 전체에게 분명히 영향을 미친다. 하지만 그것이 정말 의미 있는 영향인가? 10^3에서

그녀는 더 많은 학생에게 영향을 미치지만, 그로 인하여 더 많은 학생이 성공할 수 있을까?

- **10^4 – 공동체:** 그녀는 시 교육위원회와 학군 회의에 참석하기 시작한다. 지역 중학교와 교류를 통해 그녀는 이제 그 중학교의 요구를 옹호할 수 있게 되었지만, 또한 각각 다른 문제를 안고 있는 인근 학교들과 균형을 이루어야 한다는 사실을 깨닫는다. 그녀는 자신이 자원봉사하는 특정 학교의 문제라기보다는 시스템 문제로 바라보기 시작한다. 이러한 스케일에서 그녀의 목표는 개별적인 아이들에게 조언을 해주거나 건물과 운동장을 미화하는 것이 아니라 (수많은 학생에게 여러 해 동안 영향을 미치는) 정책을 수립하는 데 도움을 주는 것이다.
- **10^5 – 도시:** 지역 중학교가 끊임없는 유지보수를 필요로 한다는 사실에 좌절한 그녀는 그 문제에 대해 무언가를 하고자 교육위원에 출마한다. 이런 식으로 그녀는 자명해 보이는 더 큰 문제, 시스템과 관련된 문제에 다가가기 시작한다. 하지만 스케일이 바뀌면 문제도 바뀐다. 이러한 스케일에서 문제는 더 이상 그녀가 잘 아는 학생들의 복지 문제가 아니라, 이를테면 지역 학교들과 학군 전체 관리 사이의 갈등에 관한 것이다. 시험 방식, 학생 성적에 따라 교사의 고과가 매겨지는 방식, 교사의 연공서열, 교사 노동조합의 역할 등 주 전체를 둘러싼 진부한 논쟁이 표면화된다. 이 스케일에서 이루어지는 의사결정과 행동은 좋든 나쁘든 수천 명의 학생에게 영향을 미친다.

각각의 스케일에서 해야 할 일이 있다는 것은 의심의 여지가 없다. 하지만 스케일이 커진다는 것은 그 영향력도 잠재적으로 커지지만 불분명해지고 위험성도 높아진다는 뜻이다. 결국 스케일을 통하여 사고하는 것의 가치는 스케일이 달라질 때 문제가 본질적으로 바뀐다는 것을 이해하는 데 있다. 더 큰 스케일에서 내가 제대로 일을 하는지 불안해해야 한다면, 작고 긍정적인 영향력이 가지는 확실성이 중요하게 여겨지기도 한다. 확실성과 영향력의 스케일은 반비례 관계인 것으로 보인다. 스케일을 통해 생각하면 아는 것과 모르는 것, 가까운 것과 먼 것, 위험과 보상 사이의 균형을 맞출 수 있다. 행동하기에 바람직한 스케일이란 정해져 있지 않다. 우리는 문제를 작게 쪼개어 보면서 무엇이 가능한지 어떻게 문제가 바뀌는지 드러나게 할 수 있다.

스케일 프레이밍의 한계와 가능성

프레임은 우리를 둘러싼 혼란을 우리의 세계관에 맞게 '네모' 반듯하게 정리해주는 편리한 도구가 될 수 있다. 더 이상 그러지 못할 때까지 말이다. 스케일 프레이밍은 최대 해상도로 장면을 관찰하고 포착할 수 있는 위치가 있다고 가정한다. 하늘까지 수월하게 오르는 임스 부부의 카메라처럼 말이다. 카메라는 중립적 관찰자라고 말하고 싶을 수도 있다. 하지만 카메라와 카메라의 시야는 절대 중립적이지 않다. 중립적인 것은 없으며, 스케일 프레이밍이 그 증거이다. 〈10의 거듭제곱〉에서 카메라가 담아낸 장면은 무엇을 프레임 안에 넣고, 무엇을 프레임에서 제외했는지 보여준다. 스케일 프레이밍의 함정은 한 명의 시선과 현실을 동일시할 수 있다는 것이다. 우리는 카메라 렌즈가 (그리고 우리 자신의 시각과 관련하여) 의도가 없이 순수한 적은 없다는 사실을 깨달아야 한다.

임스 부부의 우아한 카메라 이동은 매혹적이지만 기만적이기도 하다. 프레이밍과 초점이 초기 장면을 설정하고 우리가 무엇을 볼 건지뿐만 아니라 궁극적으로 무엇을 보지 못할 것인지를 결정한다. 예를 들어, 설정 장면*에서 남자가 아니라 여성에게 초점을 맞추었다면 우리는 〈10의 거듭제곱〉을 다르게 읽었을지도 모른다. 혹은 소풍을 온 커플이 백인이 아니라 흑인 혹은 혼혈이었다면 어땠을까? 혹은 그곳이 시카고 남부의 우범 지역이나 아마존의 방대한 숲이었다면? 아니면 전쟁의 상흔이 남아 있는 베트남의 논이었다면? 〈10의 거듭제곱〉의 이면에는, 보이지 않는 것(권력, 관점 등)의 정치가 소용돌이친다. 누가 프레임을 짜는가? 누가 선택권을 가지는가? 어떤 내용과 맥락을 보여주는가? 프레임 바깥에 버려진 것은 무엇인가?

---

* establishing shot, 상황을 잘 파악하게 해주는 화면을 뜻하는 말로, 주로 이야기 진행에 앞서 첫 장면으로 사용한다.

우리가 각각의 10의 거듭제곱을 어떻게 프레이밍하느냐는 우리가 보는 세상뿐만 아니라 세상에 대한 우리 자신의 시각에 대해서도 말해준다. 그것은 우리의 특권, 권력, 정치를 나타내고 있다. 우리가 프레임 안에 두기로 선택한 것과 배제하기로 선택한 것은 자유의지에서 비롯한 순수한 행동일 뿐 아니라 우리 자신만의 관점을 강화한다. 마치 자신의 그림자를 탈출하지 못하는 것처럼, 자신만의 내적 프레임에서 벗어나지 못한다. 하지만, 우리는 이런 경계를 인정하고 대체하려고 노력할 수 있다.

찰스와 레이 임스 부부는 시카고라는 촬영 장소와 촬영 방식(하늘을 향해 위로 올라가고 다시 아래로, 안으로 향하는 불가능한 이동을 가능케 하는 교묘한 기술)을 통해, 카메라는 단지 기술적인 관찰자로서 현실을 보고 있다는 착각을 불러일으켰다. 하지만 스케일 프레이밍은 또한 프레임을 넓히고 프레임을 재배치할 수 있는 기회를, 더욱 포괄적이고 대표적이며 심지어는 치우친 프레임을 설정할 기회를 제공하기도 한다. 각각의 관점 변화는 또한 우리를 둘러싼 세상을 어떻게 프레이밍하느냐에 내재된 한계를 보여준다.

스케일 프레이밍은 우리가 다른 사람의 프레임을 포함한 다른 프레임을 찾도록 자극할 수 있다. 상점 주인이 어려움을 겪는 학군의 문제를 프레이밍하는 방식은 교사나 청소부, 교장, 학부모, 그리고 학생 자신의 방식과는 근본적으로 다를 것이다. 우리가 자기비판적이지 않다면 우리는 어쩔 수 없이 자신의 윤리관, 계급성, 젠더, 나이, 능력, 상대적으로 명확한 시선 등을 통해 세상을 프레이밍할 것이다. 다섯 살짜리 아이에게 10대는 '오래 산' 사람이며, 여름은 거의 영겁에 가까운 시간이라는 것을 떠올려보라. 물리학에서 시차視差의 개념은 관찰자의 상대적 위치 변화가 관찰 대상들의 관계를 변화시킬 것이라는 사실을 말해준다. 우리가 임스 부부의 객관적인 시각이 선사하는 '중립'의 속임수에 반드시 빠질 이유는 없다. 사실 우리는 거기에 저항해야만 한다. 낯익은 프레임을 깨고 다른 사람의 시선을 따라 새로이 프레이밍하면, 예상했던 것을 산산조각 내고 새로운 가능성의 공간을 밝혀줄 것이다.

7

답은 중간에 있다

: 스캐폴딩 프로세스

대규모 시스템 변화에는 하향식과 상향식,

주로 두 가지 모델이 사용되어왔다.

각각에서 가장 좋은 부분을 취하여

상향식도 하향식도 아닌 무언가를 만들 수 있지 않을까?

예상 밖의 것은 언제나 이미 중간에 존재한다.

등장할 순간을 기다리고 있을 뿐이다.

어떻게 하면 처음에 문제를 일으켰던 생각을 반복하지 않고 아이디어를 확장할 수 있을까? 우리가 자초한 중대한 문제에 영향을 끼치고 싶다면 국제 기후는 말할 것도 없고 수천, 수백만, 혹은 수십억 명의 삶의 방향을 바꿀 수도 있는 아이디어와 해결책이 필요할 것이다.

그 정도 스케일에서 생각해보려면 우리가 서비스, 기반시설, 정책, 상품, 나아가 공동체를 어떤 방식으로 만들었는지 다시 생각해볼 필요가 있다. 우리는 작은 스케일의 문제를 해결하는 능력은 매우 뛰어나다. 특히 그 문제의 전후 사정을 잘 알고, 관련된 요인의 수가 많지 않을 때 말이다. 우리는 보통 복잡한 문제를 해결해야 할 때, 알아야 할 것을 다 알지 못할 때, 실수를 저지른다. 커다란 난관을 헤쳐 나아가기 위해서는 최대한 많은 수의 이해관계자가 그 과정에 관여하게 하는 것이 분명 도움이 된다. "보는 눈이 충분하다면,

모든 버그가 드러날 것이다." 컴퓨터 프로그래머들이 쓰는 표현이다. 보는 눈이 많으면 보이지 않던 곳이 보이게 되고, 지식과 경험의 격차가 메워질 것이다. 한편, 이해관계자와 참여자가 많아지면 복잡하고 부담스러운 과정이 될 수 있다. 관점과 의견이 충돌하면서 일이 멈추기도 한다.

복잡한 세상에서 해결책을 확장하려고 할 때 우리는 어떤 모델을 따라야 할까? 대규모 시스템 변화에는 하향식과 상향식, 주로 두 가지 모델이 사용되어왔다. 나는 두 모델 사이에 있는 세 번째 방법, 스캐폴딩scaffolding을 제안할 것이다. 스캐폴딩의 차별점을 완전히 이해하려면 먼저 상향식과 하향식 프레임워크의 특징을 자세히 살펴봐야 한다.

하향식 시스템: 빠른 속도와 경직성

하향식top-down 구조는 인간사 거의 어디에나 존재한다. 정말 범위와 스케일이 큰 무언가를 만들어야 할 때 우리는 기능적 위계에 의존하는 조직 논리를 따르는 경우가 많다. 이것은 우리가 강력한 군대와 튼튼한 다리, 수직적으로 통합된 기업을 만들 때 사용해온 방식이다. 이러한 모델에서는 권위와 힘, 전문적 지식이 위계의 가장 높은 자리에 존재하며, 아래로 확산된다. 위계의 아래로 갈수록 자율성은 낮아진다. 업무는 작은 단위로 나뉘고, 다시 전문적이고 더 작은 업무로 나뉜다. 이것이 바로 산업혁명과 조립라인, 경영과학 시대의 특징이다.

하향식 모델은 해결책에 대한 전문지식이 가장 위(기업의 임원, 프로젝트 관리자, 정책 전문가, 군사 지도자 등)에 있다. 그곳에서 전문가들이 전반적인 문제에 접근하여 평가하고, 시장의 수요나 수용자의 요구를 판단하여 특정 해결책을 제시하고 이를 다수에게 확장한다. 예를 들어, 제조업에서는 생산자가 원료를 구하는 데 필요한 자원을 모으고 설비에 투자하여 완제품을 소비자에게 배송한다. 정책 분야에서는 전문가들이 이슈를 연구하여 다른 전문가와 논의하고, 정책을 개발한 다음, 그 정책을 우리의 행동이나 태도에 영향을 미치는 규제나 법률로 통과시킨다.

하향식 시스템은 일부 분야에 아주 효과적이지만, 그렇지 않은 분야도 있다. 하향식 시스템의 장점은 다음과 같다.

- 하향식 시스템에서는 아이디어를 빠르게 확장하여 의사결정에 이를 수 있다. 소수의 의사결정권자만 있으면 되기 때문이다.
- 고위 관리자들은 복잡한 문제를 작고 단순한 부분으로 쪼개 관리와 재조합이 용이한 형태로 만들 수 있다.
- 전체 과정을 감독할 수 있다. 큰 그림을 이해하는 누군가가 중복과 비효율성을 줄일 수 있다.

- 의사결정이 빨리 내려진다. 합의가 필수적이지 않기 때문이다.
- 하위 수준에서는 심오한 지성이나 통찰이 반드시 필요하지는 않다. 위에서 내려오는 간단한 운영 아이디어만으로 충분하다.

하지만 하향식 시스템에는 다음과 같은 단점도 있다.

- 의사소통은 주로 위에서 아래로 내려오고, 진정한 피드백은 거의 일어나지 않는다.
- 하향식 시스템은 고위층이 사라지면 목적 없이 표류하거나 조정과 통제가 사라질 수 있기 때문에 공격에 취약하다.
- 천편일률적인 해결책으로는 사용자 기반의 변화에 적응하지 못한다.
- 고위층에서만 의사결정이 이루어져 시스템에 타성이 생긴다.
- 현장에서 가장 가까운 사람들이 통찰과 의사결정의 기회를 박탈당한다.

마지막 항목을 특히 주목해야 한다. 하향식 시스템에서는 전략과 전문지식이 생산자와 소비자로부터 가장 멀리 떨어진 고위층에 집중되어 있기 때문에 의사결정을 내리는 사람들 대부분이 생산이나 서비스, 정책에 대한 직접적 경험이 있는 사람과 접촉할 기회가 없다. 하향식 시스템은 다양한 욕구에 대한 대비가 전혀 되어 있지 않다. 공구는 이러한 경직성의 대표적 사례이다. 공구는 오른손잡이에 맞게 설계되었다. 왼손잡이에게는 맞지 않는다. 몸이 건강한 사람에게는 맞지만 관절염이나 몸에 장애가 있는 사람에게는 맞지 않는다. 하향식 조직은 값싸고 품질 좋은 가위를 다수의 손에 쥐여준다. 하지만 그렇다고 해서 모두의 욕구를 공평하게 잘 해결했다는 의미는 아니다. 빠른 확장이라는 하향식 조직의 장점은 다양한 사용자 집단의 모든 구체적인 욕구에 대응하지 못한다는 단점으로 상쇄되어버리고 만다.

상향식 시스템: 융통성과 느린 속도

상향식bottom-up 시스템(때로는 '자립형' 또는 '독립형'이라고 불린다)은 흔히 볼 수 없고, 따라서 특이하게 느껴지는 측면이 있다. 상향식 시스템은 비즈니스 세계에서 눈에 띄거나 조직적인 생산을 주도하지는 않았지만, 이제 변화가 찾아오고 있다.

상향식 구조는 생물계에서 흔히 보인다. 그리고 그것 자체가 상향식 구조의 회복력 및 지속력에 관한 단서를 우리에게 제공한다. 예를 들어, 자연선택에서, 진화의 경로를 지시하는 총괄 기획자(최고 권위자나 지적 설계자)는 없다. 돌연변이는 생물계의 경계에서 우연히 나타나 새로운 잡종(또는 혁신)으로 이어진다. 돌연변이는 어떤 종의 생존 능력에 긍정적이든 부정적이든 영향을 미칠 수 있다. 유기체의 유전자를 재생산할 수 있는 가능성을 낮추는 특성은 선택되지 않는 반면, 생식 능력과 생존 능력을 높이는 데 도움을 주는 특성은 선택된다. (생식을 통하여) 그러한 특성은 공유되고, 새로운 특성이 그 종의 DNA로 흡수된다. 이를테면 인간에게 꼬리가 사라져서 얻을 장점을 예견한 종합적인 계획은 없었다는 것이다. 환경에 적합한지 여부가 어떤 특징이 살아남을 것인지 혹은 도태할 것인지 결정한다. 집단적으로 변화가 반복되면 가장 적합한 것이 등장한다. 자연선택은 대부분 서서히 변화하는 임의적인 과정이다. 상당한 양의 돌연변이가 등장하고 어마어마한 수의 실패작을 생산한다. 그러나 생태계에서 살아남는 문제에 대한 '해결책'을 천천히 그리고 반드시 만들어낸다. 이러한 회복력은 우리가 모방하기 좋은 특성이다.

대부분의 공업 제조과정과는 대조적으로 DIY 흐름은 전문지식이 전문가에 한정된 것이 아니라는 사실을 인식한다. 일반적으로 이러한 흐름은 개방형 표준, 지식 공유, 구성원 사이의 강화된 의사소통에 의존한다. 대부분의 DIY 생산자-소비자는 시장 주도의 기존 생산자들처럼 경제적 우위 모델을 바라지는 않는다(소매 플랫폼 Etsy가 그러한 역학관계를 바꾸고 있긴 하다). 이러한 상향식 접근은 해결책을 찾되, 예의 시장 확장성을 염두에 두는 것은 아니다(그리고 많은 경우 이데올로기적인 이유로 시장 확장을 거부한다). 예를 들어, 이케아 제품을 더 효과적으로 이용하려는 소비자들(일명 이케아 해커) 사이에서는 일부 이케아 제품의 용도를 바꾸거나, 심지어 완전히 새로운 유형의 가구로 바꾸는 것(수납장을 반려동물의 화장실로 둔갑시키기도 한다)이 유행하고 있다. 그리고 그들은 이런 방법들을 이케아해커스ikeahackers.net 같은 사이트에 공유한다. 이러한 시스템에 더 큰 계획이 작용하는 것은 아니다. 시장을 통제하려는 의도 역시 아니다. 공동체의 활성화가 목적일 수는 있을 것이다.

상향식 시스템의 속성 중 다수는 실제로 정책이나 공업 생산과정의 속성과 정반대이다(혹은 그것을 따르지 않는다). 상향식 시스템은 개별적인 행위자들이 완제품이나 취합된 결과물의 목적이 무엇인지에 대한 포괄적 지식이 없이 일한다. 각각의 시도는 하나의 실험이다. 소규모로 적은 자원을 이용하면서 반복적으로 진행되는 개략적 해결책은 특정한 환경에서는 효과가 있지만 다른 환경에서는 효과가 없을 수도 있다. 상향식 과정에서 거시적 수준의 정보와 해결책이 나타나기 위해서는 점진적 발전이 네트워크 전반에, 그리고 공동체 내부에 공유될 수 있도록 강력하고 활발한 정보의 흐름과 연결, 피드백 순환구조가 존재해야만 한다. 상향식 시스템이 놀라운 이유는 행위자들이 아무리 현명하고 총명하다 하더라도 어떤 변화를 이끌어낼지 그들 스스로도 모른다는 점이다. 상향식 시스템에는 거의 마법과도 같은 특성이 있다. 시도와 실패를 반복하는 다수의 상호 조율된 행동에서 적응력 있는 해결책이 나온다.

상향식 시스템이 인간의 창의력을 가장 전형적으로 보여주는 것은 아닐지 모르지만, 고도의 안정성, 회복력, 적응력은 물론이고 똑똑한 시스템까지도 이끌어내고 있다. 상향식 조직 구조의 장점은 다음과 같다.

- 현장 직원은 힘과 자율권을 가지며 위계가 두드러지지 않는다.
- 간명한 규칙에 따라 간명하게 일하는 직원들을 통해 놀랄 만큼 조화롭고 복합적인 행동이 나타난다.
- 상향식 시스템은 지역의 상황과 환경에 매우 민감하게 반응한다.
- 집단을 통제하는 권위자가 없기 때문에 조직 구조가 대규모 피해에 덜 취약하다.
- 상향식 시스템은 자율적으로 최적화하고 자율적으로 규제한다.

상향식 시스템의 주요 단점은 확장하는 데 시간이 너무 오래 걸린다는 것이다. 즉, 특정한 목표나 더 큰 목적을 찾아내도록 계획할 수 없다. 진화는 오랜 시간을 소요하고 누구도 예측할 수 없는 방향으로 진행된다. 다수가 목표를 추구하는 행동이 나오려면 사람들의 조직적인 행동이 선행되어야 하기 때문에, 이들 상향식 시스템은 반응이 무겁고 느리다. 이 시스템은 시간이 지나면서 안정감과 회복력이 생기지만 상명하달식 지시 사항이나 동기부여에 반응하지 않는다.

하향식 시스템이 엄격하고, 위계가 분명하고, 신속하고, 리더가 필요한 반면, 상향식 시스템은 회복력이 좋고, 융통성이 있으며, 천천히 움직이고, 모든 조직원이 평등하다고 여긴다. 그렇다면 각각의

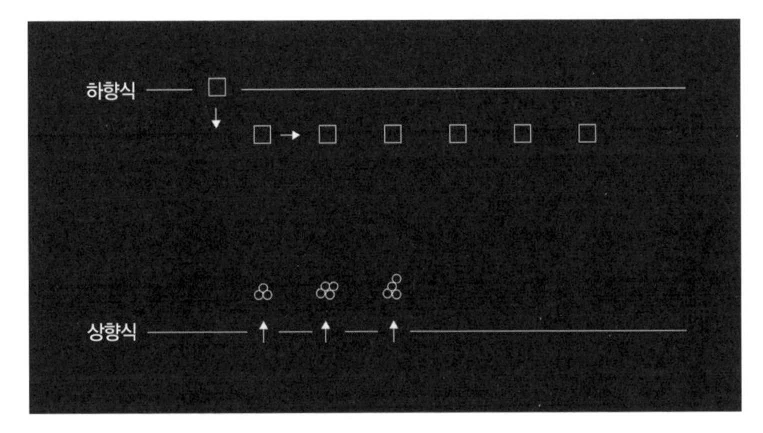

그림 37 하향식 프로세스와 상향식 프로세스의 차이점. 하향식 프로세스에서는 소수가 마련한 해결책이 빠르게 확장되지만 변화에는 빠르게 대응하지 못한다. 상향식 프로세스는 회복력과 적응력이 뛰어나지만 해결책이 확장되는 속도는 느리다.

시스템에서 가장 좋은 부분을 취하여 상향식도 하향식도 아닌 무언가를 만들 수 있지 않을까?

답은 중간에 있다

그리하여 마침내 우리는 중간에 이르게 된다. 살면서 가장 강렬한 경험은 대개 어느 한 극단에 있을 때 한다. 양단간에 하나인 것이다. 우리가 중간 상태에 흥미를 잃어버리는 까닭은 극단에 섰을 때의 긴장감이 이 상태에서는 없다고 여기기 때문이다. 하지만 중간의 기능을 보여주는 사례도 있다. 단순한 시스템에서 복잡한 시스템에 이르기까지, 중간에 대부분의 수수께끼가 숨겨져 있으며, 우리가 통찰이나 좋은 아이디어를 확장하는 방법을 재고해보게 해줄 잠재력 역시 크다. 중간을 가까이 들여다보면 자주 간과하는 이 생태계 안의 돌연변이, 혼종, 잡종 등을 볼 수 있을 것이다.

많은 사람이 새로움이 무無에서 비롯된다고 믿지만, 사실 새로움은 거의 기존에 존재하는 것들이 변이하면서 불쑥 튀어나온다. 새로움이 무에서 비롯된다는 믿음은, 근대 이후에 나타난 새로움의 신화를 무비판적으로 수용한 결과일 뿐이다. 예상 밖의 것은 언제나 이미 중간에 존재한다. 등장할 순간을 기다리고 있을 뿐이다. 그러므로 상향식 시스템과 하향식 시스템 사이에서 계속 우왕좌왕하기보다는 중도를 찾을 때이다. 만일 확장이 작은 것과 큰 것 혹은 하나와 다수 사이(특정 사례와 그것의 일반화 사이)에서 작용하는 프로세스라면, 그 중간에는 무엇이 있을까?

스캐폴딩: 매개체 역할을 하는 프레임워크 설계

좋은 아이디어를 확장하는 방법은, 만일 중간을 활용한다면 어떤 형태일까? 아이디어와 그 아이디어가 구현된 것 사이에는 어떤 과정이 존재할까? 비유적으로 말하자면, 장미를 키우려고 할 때 우리는 장미가 잘 자라는 데 필요한 기반시설인 격자 울타리를 고안하고 만들어야 한다. 그러면 장미는 꽃을 피우고 격자는 결국 배경으로 사라진다. 격자는 격자 자체로서라기보다는 장미가 꽃을 피울 구조물로서 만들어진 것이다. 이와 비슷하게, 스캐폴딩, 즉 비계는 건물 자체에는 포함되지 않지만 건물이 올바른 형태를 갖추기 위해서 필요하다. 건물이 완공되면 스캐폴딩은 사라져버린다. 우리가 이러한 것을 스캐폴딩, 격자, 플랫폼, 문화, 기반시설, 개요, 규칙 집합rule set 등 무엇이라 부르든 그 의도는 같다. 그 자체(장미 덤불)로서가 아닌 다양한 형태(장미)가 나타날 수 있게 해주는 도구로서 기능하는 중간 단계의 프레임워크를 만드는 것이다. 즉, 한 가지 아이디어를 증식하는 것이 아니라 다양한 결과가 나타날 수 있는 환경을 조성하는 것이 목적이다.

이러한 중간 수준의 스캐폴딩 접근은 상향식 프레임워크와 하향식 프레임워크의 혼종이다. 누군가 프로세스 자체를 설계해야 한다는 점에서는 하향식 프레임워크다. 그리고 스캐폴딩은 그 누군가가 어떤 구상을 했느냐에 따라 다양한 형태를 띠게 된다. 단순할 수도 복잡할 수도, 독특할 수도, 원대할 수도, 겉치레에 불과할 수도, 불규칙하거나 충격적이거나 위험회피적일 수도 있다. 스캐폴딩을 설계하기 위해서는 프로세스에 대한 지식과 인식이 있어야 한다.

하지만 다수의 아이디어를 최대화하고, 최적화하고, 종합할 수 있는 개발 프로세스를 설계한다는 점에서는 상향식이다. 그러한 프로세스는 실제 영향력에 관해 가장 잘 아는 사람들 개개인과 집단의

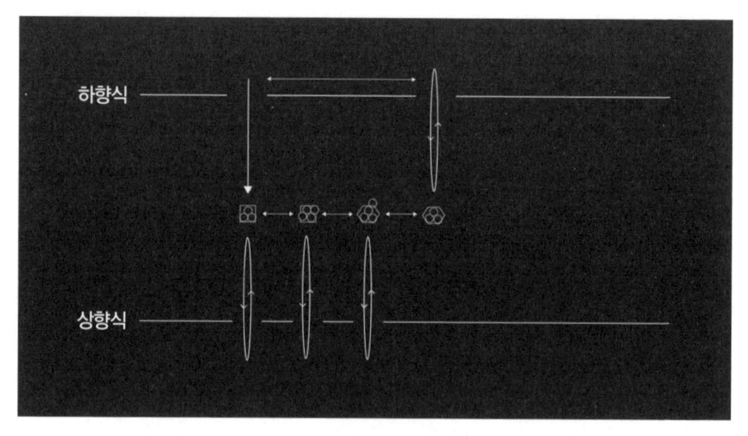

그림 38 스캐폴딩 프로세스는 상향식 프레임워크와 하향식 프레임워크의 혼종이다. 여기에는 스캐폴딩을 만든 사람과 공동체를 재연결해주는 피드백 순환구조가 필요하다.

상세한 지식과 지혜를 포착해야 한다. 또한 (내부 논리가 처음부터 분명하진 않겠지만) 특정한 내부 논리에 따라 프로세스의 결과를 반복적으로 발전시킬 수 있는 경로와 피드백을 위한 채널이 있어야 한다. 이것은 주기적으로 조정을 위한 작업과 재작업을 한다는 것, 끊임없이 반복해 참여자의 말을 들어주고, 프로그램을 수정하고, 접근법을 미세 조율하는 것을 의미한다. 그리고 스캐폴딩을 만든 사람과 공동체를 재연결해주는 변함없는 피드백 순환구조가 있어야 한다는 것이다.

문제는 프로세스를 더 큰 혼란에 빠뜨리지 않고, 많은 사람이 집단적으로 무언가를 만들고 의사결정 과정에 기여할 수 있는 규약을 설계하는 것이다. 예를 들어, 위키피디아는 클라우드소싱된 항목의 업데이트·편집·게시에 고도의 정교한 규약을 사용한다. 그러한 규약이 없다면, 논쟁의 여지가 있는 항목은 금세 편집을 통해 벌이는 설전으로 변질되고 말 것이다. 디지털 네트워크는 다수에 응답하는 재귀적 구조를 만드는 데 분명히 도움이 되지만, 그것이 에너지와 아이디어를 활용할 수 있게 해주는 유일한 방법은 아니다. 축제, 워크숍, 메이커톤* 또한 사람들을 끌어모아 옛날 스타일로 직접 얼굴을 보면서 사람들에게 동기를 부여한다. 속도와 효율성 면에서 잃는 것보다 얼굴을 맞대고 사람을 만날 때 경험하는 미묘함, 뉘앙스, 협업, 협상 등에서 얻는 것이 더 크다.

어떻게 스캐폴딩을 만들 수 있을까

어떻게 하면 스캐폴딩과 같은 프로세스를 개발할 수 있을까? 개방적이고 대응이 빠른 프로세스들이 다음과 같은 절차를 늘 따르지는 않겠지만, 성공적인 프로젝트에서는 대부분 다음과 같은 절차를 볼 수 있다.

---

* make-a-thon, 만들다make와 마라톤marathon의 합성어로, 여러 분야의 제작자들이 모여 며칠간 토론부터 실현까지 다양한 시도를 해보는 행사.

1. 조율: 많을수록 즐겁다. 이 단계에서 목표는 프로젝트 계획으로서 공동체의 생각을 듣고, 처리하고, 학습하고, 반영하는 것이다. 궁극적 목적은 공통된 기반을 확립하고 모든 참여자에게 권한을 부여해 자신들이 결과에 지분이 있고, 결과를 만들어내는 데 기여하고 있다는 사실을 인지시키는 것이다. 이는 최초에 누가 문제의 틀을 정했는지 상관없이 서로 힘을 합쳐 문제 공간을 제한하는 것이다. 또한 경계 설정 과정에 참여하는 주요 이해관계자를 파악할 기회이기도 하다.

2. 아이디어 구상: 가능성을 엿보는 단계다. 묘책은 존재하지 않는다. 통찰력, 꿈, 두려움, 걱정을 물질적이고 가시적으로 만듦으로써 프로젝트의 방향에 대한 합의를 이루는 절차가 시작된다. 서로 힘을 합쳐 아이디어를 생각하는 궁극의 목적은 실현 가능한 미래의 영역을 상상하는 것이다. 미국의 화학자 라이너스 폴링Linus Pauling이 재치 있게 말한 것처럼, "좋은 아이디어를 얻는 가장 좋은 방법은 아이디어를 많이 생각하는 것이다". 미래에 대한 강하고 대담한 전망이 동시에 여럿 이루어진다면 무한한 잠재력과 다수의 가능성을 얻을 수 있다. 다수의 실현 가능한 미래, 실제 작동할 미래는 그렇게 탄생한다. 그러면 이제 "해결책"은 하나의 프로그램이 되거나 (공동체의 참여, 피드백, 에너지 등이 관여된) 변화하는 환경에 맞게 진화하는 일련의 조건이 된다.

3. 프로토타입 만들기: 해결책이 나오기 위해서는 공동체가 선택하고, 수용하고, 적응하고, 변형하고, 중단하고, 재구성하고, 수정하여 결국 공동체의 것으로 만들 실행 대본을 만들어야 한다. 이러한 단계의 목표는 빠르고, 싸고, 일시적이고, 잠정적인 형태를 만드는 것이다. 목표는 해결책 자체라기보다는 활기찬 피드백이다. 이 단계에서 '연속적 접근의 규칙'이라 할 만한 것이 적용되는데, 각각의 프로토타입은 그 이전 것보다 나쁘지 않아야만 한다는 것이다. 혹은 프로그래머들의 말처럼, 실패는 일찍, 자주 하는 것이 좋다. 목표는 임시 프로토타입을 이용하여 피드백이 일어나게 하는 것이다. 문제는 지적하는 것을 언제 멈추어야 하고, 대본을 언제 고정된 결과물로 바꿔야 할지 아는 것이다.

4. 프로그래밍: 가능성의 조건을 만드는 단계다. 무엇이 만들어지건 최대한 가벼운 형태여야 한다. 그것은 집단적인 요구를 반영하고, 새로운 가능성을 상상하는 장소를 정해주는 것이다. 그것이 스캐폴딩 혹은 플랫폼이다. 아니면 여러 가지 의미에서 프로그램이라 할 수도 있다. 그것이 어떤 형태인지보다 그것이 무엇을 가능하게 해주는가가 중요하다. 그것은 고도의 기교와 겉만 번드르르한 장식으로 뒤덮여 있지 않다. 앞으로 나아가기 위한 합의, 계약, 예측, 허가, 이행, 관계, 전략이다. 혁신가의 일은 이런 기능을 조화롭게 구조화해 반복적으로 일어나며 진화할 수 있도록 만드는 것이다. 스캐폴

딩은 가능성의 조건일 뿐이다. 자신의 임무를 마치면 배경에 묻힐 것이다. 장미가 꽃을 피울 때 격자가 안 보이는 것처럼 말이다. 이 단계에서는 설계자의 존재감이 더 커질 수도 있다.

5. 반복: 작은 아이디어는 확산을 통해 스케일을 키우고, 좋은 아이디어는 반복을 통해 학습한다. 한 공동체가 나아갈 길에 대한 설계가 다른 것으로 변화 또는 확장될 수 있을까? 그럴 수 있다. 단 다수의 피드백 순환이 동시에 일어나야 한다. 먼저, 원래의 공동체는 그들이 경험한 단점과 즉흥적인 시도를 플랫폼과 도구에 적극적이고 공식적으로 통합해야 한다. 플랫폼은 진화해야 한다. 둘째, 이것이 다른 공동체와 공유가 되면 공동체 사이, 각각의 플랫폼 사이에 혁신이 계속 오가야 한다. 바꿔 말해, 피드백 순환구조가 언제나 모든 방향으로 존재해야 한다. 그러기 위해서는 플랫폼 사용자들이 생성하는 통찰, 비판, 정보의 흐름을 성장시키고 관리, 유지할 수 있는 의사소통 인프라를 만들어야 한다. 그렇게 플랫폼은 다수의 공동체가 서로 결실을 맺을 수 있는 조건을 확립한다.

6. 피드백: 스캐폴딩 프로세스에서 소비는 고갈이 아닌 재생이다. 나무를 잘라 종이봉투를 만드는 것보다는 나무에 올라가 나뭇가지를 흔드는 것과 비슷하다. 이러한 시스템에서 소비는 한정된 자원을 획득하거나 고갈시키는 것이 아니라 끊임없이 재생 가능한 것과 상

호작용하는 것이다. 시스템은 마치 생태계처럼 스스로 균형을 유지한다. 비가 물이 되고 자양물이 되고 폐기물이 되고 수증기가 되고 비가 되고 물이 되는 것처럼 가능성의 조건이 갖추어진 플랫폼은 재생의 지속적인 원천이 된다. 각각의 새로운 아이디어가 플랫폼을 확장하고 발전시키는 동안 플랫폼에 통찰이 피드백된다. 피드백은 자양분을 주었던 원천에 다시 자양분을 돌려주는 것을 의미한다. 그리고 플랫폼을 사용할 때마다 플랫폼과 그 복원력에 자양분이 공급된다.

분명히 이 과정에는 하향식 전략과 상향식 전략의 측면이 둘 다 있다. 무언가가 나타날 가능성의 조건을 설계하는 역할이 존재하지만, 그 손길은 가볍고 능숙하고 전략적으로, 딱 필요한 만큼이어야 한다. 진정한 목적은 새로운 과정을 가속화하고, 반복과 피드백, 학습의 순환 속도를 높이는 것이다. 그래야만 끊임없이 다양해지는 요구에 발맞출 수 있다. 스케일의 지각적·개념적 특성에서 얻은 몇 가지 교훈이 있다. 그 교훈이 스캐폴딩을 만드는 과정에 도움이 될 것이다.

- 해결책을 설계하지 말자. 답을 찾기 위한 스캐폴딩을 설계하자.
- 전문지식은 현장에서 나온다.
- 불확실성을 자산으로 만들자. 그보다 더 좋은 조건은 없다.

- 통제권을 남에게 넘기자.
- 참여를 장려하고 참가자를 동등하게 대접한다.
- 소비자를 생산자로 만들자.
- 모든 방향으로 소통이 일어날 수 있는 견고한 채널을 구축한다.
- 효과가 있는 기능은 선택하고 효과가 없는 기능은 제외하는 프로세스를 설계하자.
- 피드백이 구석구석까지 도달하는지 확인한다.
- 시간이 흐르면 스캐폴딩을 최소화한다.

통제와 방임 사이, 일을 실행하는 것과 모색해보는 것 사이에 우리가 도달해야 할 정교한, 선禪과 같은 상태가 존재한다. 그것은 설계보다는 정원을 가꾸는 일에 더 가까운 과정이다.

리눅스로 보는 스캐폴딩

스캐폴딩은 현실에 기반을 두지 않은 추상적인 생각이라고 말할지도 모르겠지만, 세상에는 그와 같은 프로세스의 사례가 존재한다. 비록 스캐폴딩의 모든 측면을 완벽하게 보여주지는 못하지만 매우 유사해 도움이 된다. 또한 위험성과 가능성 모두 보여준다.

운영체제는 MS워드, 파이어폭스, 아웃룩, 포토샵 같은 응용프로그램이 실행되는 기반이며, 운영체제 내부에는 다른 부가 기능과 운영을 위한 커널이라는 핵심 코드가 있다. 일부의 예측에 따르면 마이크로소프트 윈도10에는 5000만 줄의 코드가 포함되어 있으며, 윈도는 여전히 전 세계에서 가장 많은 개인용 컴퓨터에서 실행되는 운영체제이다. 그처럼 어마어마한 숫자가 나타내는 것은 인간의 노력과 지적인 능력이 상상하기 어려운 수준이라는 것이다(〈와이어드〉에 따르면, 구글의 기반 코드는 자릿수가 다른 규모, 즉 200억 줄의 코드로 이루어져 있다).[1]

리눅스Linux는 컴퓨터와 기타 전자기기의 운영체제로 쓰이는 오픈 소스 소프트웨어이다. 자신의 이름을 따서 리눅스라고 명명한 리누스 토르발스Linus Torvalds는 헬싱키 대학 대학원 과정을 다닐 때인 1991년 리눅스 커널을 처음 만들었다. 이 시기는 데스크톱 컴퓨터가 초기 단계였기 때문에, 몇몇 사람의 책상 위에 데스크톱 컴퓨터가 이미 놓여 있었지만, 대부분 집에서 컴퓨터를 사용하는 것을 신기하게 여기던 시절이었다(그리고 월드와이드웹World Wide Web이 나오기까지는 아직 몇 년 더 남은 상태였다). 토르발스는 유닉스Unix의 기본형인 미닉스Minix를 써보았지만 필요한 것을 충족시키지 못했다. 그는 미닉스를 수정한 커널을 만들기 시작했다. 토르발스는 미닉스를 만든 앤드루 타넨바움Andrew Tannenbaum을 찾아가 몇 가지를 수정하자고 제안했으나 타넨바움은 그 제안을 수락하지 않았다. 그러자 토르발스는 다른 사람의 참여와 제안에 열려 있는 새 커널을 작성하기 시작했다.

비록 고유하지는 않지만, 리눅스가 새로운 점은 리누스 토르발스가 소스 코드를 작성하는 스캐폴딩 모델을 개발하여 다른 사람의 기여를 촉진해 성공을 보장한 것이다. 개발과 확장, 개선 가능성을 퍼뜨리는 동시에 참여와 피드백을 위한 기반구조를 만들어 수천 명의 이해관계자의 힘을 활용했다.

토르발스가 (다른 사람과 함께) 감독한 프로세스는 프로젝트 시작 첫날부터 완전하게 등장한 것은 아니었다. 그 프로세스는 리눅스가 그러했던 것처럼 성장했고 진화했다. 그러나 완전히 평등한 협력은 아니었다. 그렇게 믿고 싶은 사람도 있겠지만. 사실 이러한 점이 스캐폴딩 프로세스를 특히 잘 설명해준다. 하향식 생산 모델과 상향식 참여 모델이 접목되어 있는 것이다. 토르발스의 방법이 영리한 점은 그가 리눅스를 위한 협업 인프라를 구축하자마자 상부에 집중된 권력 구조 없이 프로젝트를 확장할 수 있다는 것을 알아보았다는 것이다. 2019년 4월 기준으로 리눅스 운영체제는 2400만 줄의 코드로 이루어져 있고, 모두가 아름답게 조율된 오케스트라처럼 잘 돌아간다.[2]

"한 해커가 해커들을 위해 만든 프로그램"

1000만 줄의 코드를 작성해서 소스 코드로 구현된 다양한 기능이 모두 원활하게 상호작용하게 하는 것은 허드슨강에 조지워싱턴 다리를 건설하거나 달에 로켓을 보내는 일과 비슷하다. 어떠한 작은 결함이라도 전체를 멈추게 할 수 있고, 프로젝트가 확장되면서 못 보고 지나쳤던 오류가 문제를 일으킬 가능성도 커진다.

1991년, 리누스 토르발스가 세상에 처음 리눅스 커널을 출시했을 때, 그의 접근 방식은 완전히 달랐다. "저는 AT-386 컴퓨터를 위한 일종의 미닉스 무료 버전을 만들고 있습니다." 그는 자신의 의도를 알리는 한 이메일에 이렇게 썼다. "마침내 사용할 수 있는 단계에 도달했습니다(무엇을 원하는지에 따라 아닐 수도 있지만요). 저는 기꺼이 더 많은 사람이 이 소스 코드를 사용할 수 있게 하려고 합니다. 이것은 해커가 해커들을 위해 만든 프로그램입니다. 저는 즐겁게 작업을 했고, 누군가는 이것을 보고 즐거워할 수도 있겠고, 자신의 필요를 위해 수정을 할 수도 있겠지요. 혹시 제게 한마디하고 싶은 분들이 있다면 어떤 말이라도 기대하고 있겠습니다."[3] 이 이메일에는 토르발스가 자신이 출시하는 것이 스캐폴딩 시스템이라는 사실을 완전히 인지하고 있다는 것을 나타내는 말은 거의 없다. 그는 자신이 한 일이 유용하다고 느끼는 누군가가 있길 바라며, 같은 생각을 지닌 해커 공동체와 노동의 결실을 나눌 뿐이다.

이런 현명한 행동은 빠르게 다른 프로그래머를 끌어모으는 생태계로 발전했다. 1994년, 토르발스가 리눅스 1.0을 배포했을 때 이 프로젝트에 자발적으로 참여하는 프로그래머는 12개국 출신의 78명으로 늘어났다.[4] 리눅스의 성장과 효과, 발전을 알아본 토르발스와 협력자들은 시스템의 효용성과 운영체제 프로그래머들의 자발적인 에너지 둘 다 최대화하는 협업을 위한 인프라를 만들었다. 리눅스가 그처럼 수월하게 성공을 거둔 이유는 개발자들이 참여를 위한 플랫폼을 구상하고 설계할 수 있었기 때문이었다. 이 플랫폼은 기여한 사람들 누구나 인정해주었고, 눈덩이처럼 불어나는 소스 코드의 끔찍한 복잡도를 관리해주었으며, 피드백을 위한 견고하고 회복력이 강한 채널과 순환구조를 구축해주었다.

버그 없는 소스 코드를 위해 가장 중요했던 것은, 버그를 최소화하면서 참여를 독려하는 세 가지 전략(혹은 간단한 규칙)을 수립한 것이었다. 일단 각각의 서브루틴*은 모듈화되어 있었다. 단독으로도 실행할 수 있고 더 큰 모듈의 일부가 될 수도 있다는 뜻이다. 두 번째, 프로그래머들은 자신이 만든 결과물이 실행 가능한지 테스트하여 버그가 시스템에 유입되지 않도록 '체크인' 과정을 통과해야 했다. 세 번째, 어느 부분에서건 누구나 코드를 '분기fork'할 수 있었다. 그렇게 새로운 갈래를 만드는 것이 원래 코드를 고치는 것보다 그 개발자에게 적절하다면 말이다. 이러한 규칙들은 혁신적인 라이선스 개념(자유롭게 배포할 수 있되 요구사항을 지켜야 하는 GNU 일반공중사용허가서**)과 결합하여 폭발적이지만 질서 있게 성장하는 기묘

---

* 반복적으로 수행하는 일을 독립적으로 구현하여 효율성을 높인 프로그래밍 개념.

하게 풍성한 영역을 창조했다.

리눅스의 소비자-생산자 전략

리눅스는 겉보기에는 놀랄 만큼 빠르게 확장한 상향식 생산과정이지만, 신화를 만들기 좋아하는 많은 사람이 말하는 것처럼 완전한 혼돈이나 급진적 평등주의에서 비롯된 것이 아니다. 리눅스의 성공은 토르발스와 협력자들이 이루어낸 하향식 관리와 상향식 자율권 사이의 아슬아슬한 균형에서 비롯된 것이다. 리눅스의 탄생에서 많은 부분은 토르발스가 계획한 생산 시스템의 직접적인 결과이지만, 그렇다고 해서 리눅스가 토르발스 혼자만의 작품이라고 할 수는 없다. 그것은 수천 명의 프로그래머가 협조한 결과물이다. 하지만 이 과정에서 우리가 알 수 있는 것은 콘텐츠와 상황을 통제하지 않고 설계를 이끄는 토르발스의 수완이다. 토르발스는 일이 원활하게 운영되도록 하는 역할을 한다. 1992년, 리눅스 메일링리스트에 보낸 글에서 그는 이렇게 썼다. "통제에 대한 저의 입장을 두 단어로 나타낸다면? '하지 않는다'입니다. 사실상 제가 유일하게 해왔던 리눅

** GNU는 1983년에 유닉스의 상업적 확산에 반발해 개발·배포한 유닉스 호환 운영체제로, 이를 기반으로 리눅스가 만들어졌다. 이러한 정보 공유 프로젝트 역시 GNU로 불리는데, 이 경우에는 GNU's Not Unix(GNU는 유닉스가 아니다)의 약어이다.

스에 대한 통제는 누구보다도 리눅스에 대해 많이 안다는 것뿐입니다."[5]

리눅스의 범위와 복잡도가 커지면서 토르발스는 스케일 문제에 부딪혔다. 코드 양이 너무 많아져서 한 사람이 감독할 수 없다는 것이었다. 이것은 흔히 "리누스는 확장하지 않는다Linus doesn't scale" 문제로 알려졌다. 자신의 한계를 알고 있었기 때문에, 그는 코드의 세부 항목을 감독할 핵심 집단을 만들었다. 이는 리눅스의 성장 관리가 정통적인 하향식 조직과 비슷한 형태라는 것을 분명히 보여주지만, 또한 리눅스 생산 모델이 완전히 수평적이지도 완전히 위계적이지도 않다는 사실에 힘을 더해준다. 이들 핵심 프로그래머의 의무는 코드 개발의 방향을 결정하는 것이 아니었다. 대신 코드 자체가 기민하고, 효과적이며, 모듈화되어 있고, 명쾌한지 확인하는 것이 임무였다. 요점은 프로젝트의 복잡도 수준이 참가자들의 놀라운 자발적 힘을 억누르지 않으면서 수백만 줄의 코드를 컴파일하는 협업 인프라를 개발했다는 사실이다.

이 오픈 소스 생산 모델의 기발함은 소비자와 생산자 사이의 구분을 정해놓지 않아서 모든 참여자를 오픈 소스 코드의 잠재적 소비자이자 창조자로 바꾸어놓았다는 것이다. 포드주의자의 대량생산 모델이 이 두 집단 사이의 엄격하고 절대적인 차이를 가정한 반면, 스캐폴딩 모델은 새로운 방식으로 그러한 모델을 약화시키고, 생산자-소비자 공동체 내부의 유대관계를 더욱 끈끈하게 해서 생산 시스템을 강화한다. 생산자이자 소비자로서 프로그래머는 품질과 내구성, 효과 등에 자신이 창출한 부분뿐만 아니라 남들이 창출한 부분에서도 지분을 가진다. 공동체는 이렇게 만들어진다. 그리고 공동체가 최종 생산품의 견고함과 회복력을 만든다. 사람들이 자신의 시간과 에너지를 어떤 상품을 만들기 위해 투자하게 되면 그 상품을 내던지기 어려워진다.

이 모든 것은 무엇을 말하는 것일까? 개방적인, 중간 규모의 프로세스가 어떻게 시장에서 경쟁하게 되었을까? 프로그래머들의 자발적 노력이 모여 탄생한 이 운영체제는 웹서버 시장에서 가장 많은 부분을 차지하고 있으며, 전 세계에서 가장 인기 많은 운영체제인 안드로이드의 기반을 이루었고, 대다수 넷북과 모든 크롬북 안에 설치되었으며, 약 98퍼센트의 슈퍼컴퓨터에서 실행되고 있다.[6] 이러한 통계는 마이크로소프트를 질투심에 불타오르게 했을 것이다(마이크로소프트는 같은 기간 동안 프로그래머들에게 수백억 달러를 지불했다). 2016년 3월, 마이크로소프트는 자사의 데이터베이스 관리 시스템인 SQL 서버를 리눅스 운영체제에서 실행되도록 함으로써 리눅스의 성공을 인정한 셈이 되었다.[7] 기적과도 같은 일이었다. 분산적이고, 개방적이고, 완벽하게 자발적인 어떤 프로세스가 전 세계 최대의 사기업들 중에서도 최고라 할 수 있는 기업을 다방면에서 능가해버린 것이다.

리눅스를 만든 게 아니라 '만들어지게' 한 것

스캐폴딩 혁신의 완벽한 모델은 아니지만, 리눅스로 이어진 플랫폼 개발은 스캐폴딩 프로세스의 여러 가지 특징을 설명해준다. 또한 엄청난 결과를 생성할 수 있다는 것도 보여준다. 리눅스 운영체제에 다른 프로세스에는 적용할 수 없는 특성(이를테면 비용을 들이지 않고 코드를 무한대로 복제할 수 있는 특성)이 있다 하더라도 말이다. 스캐폴딩 모델과 리눅스는 어떤 점에서 같을까?

- **조율:** 토르발스는 이메일에서 이렇게 썼다. "이것은 해커가 해커들을 위해 만든 프로그램입니다. 저는 즐겁게 작업을 했고, 누군가는 이것을 보고 즐거워할 수도 있겠고, 자신의 필요를 위해 수정을 할 수도 있겠지요. 혹시 제게 한마디하고 싶은 분들이 있다면 어떤 말이라도 기대하고 있겠습니다." 바꿔 말하자면, 토르발스는 해커들의 문화와 오픈 소스 프로그래밍을 이해하고 있다는 것을 보여주며 자신 혹은 남을 위해 문제를 해결하는 쾌감을 자발적으로 공유하자고 초대했다. 그는 공짜로(혹은 좋은 관계를 위해) 무언가를 나눠주었다. 그다음에 일어나는 일이 어느 방향을 향할지는 누구도 알 수 없다.
- **아이디어 구상:** "저는 AT-386 컴퓨터를 위한 일종의 미닉스 무료 버전을 만들고 있습니다." 토르발스의 이메일에는 무엇이 가능한지에 대한 확립된 비전이 담겨 있다. 그것은 바로 비록 한계가 있고 버그가

있을 수는 있지만, 아무런 조건 없이 사용할 수 있는 공짜 소프트웨어였다. 이러한 초대에는 가능한 미래가 구체화되어 있지만, 그 미래는 많은 사람의 참여에 의해서만 실현 가능한 것이었다.

- **프로토타입 만들기:** 토르발스의 글에 담긴 것은 오픈 소스 코드, 반복 가능성iterability, 피드백 채널, 넓은 배포 범위 같은 생산 시스템에 대한 생생한 스케치이다. 1년 뒤에 나온 GNU 일반공중사용허가서에 힘입어 저작권 공유의 범위가 확립되고 배포·분기·공유를 무한대로 할 수 있게 되었다. 리눅스 공동체는 코드가 점점 복잡해지면서 나중에 상품 평가 절차의 속도를 높이기 위해 핵심 구성원 구조lieutenant structure를 만들었다. 리눅스가 된 모델이 처음부터 있던 것은 아니지만, 느리고 반복적인 진화 과정을 통해 마침내 하나의 형태를 스스로 선택했다.
- **프로그래밍:** 오픈 소스, 반복 가능성, 피드백, 체크인 인프라 등이 모두 함께 리눅스의 성공을 이끌어준 플랫폼을 구성한다. 리눅스는 단순히 소스 코드의 최신 배포판이 아니다. 그것은 설계된 것이 아니다. 가장 최근의 배포판은 기본 코드가 등장할 가능성의 조건을 만드는 스캐폴딩 프레임워크의 최종 결과물이다. 역동적이며 어떤 면에서는 살아 있다고 할 만하다. 리눅스는 단 한 사람의 지휘자도 없이 계속해서 진화한다. 토르발스가 조율은 할지 모르지만, 리눅스를 만든 것은 아니다. 토르발스가 불러일으킨 효과는 토르발스가 전혀 예상하지 못했던 방향으로 프로젝트를 이끌어가는 프로그래머와 사용자의 수

많은 기여에 달려 있다.

- **반복:** 리눅스 개발에서 더욱 주목할 만한 측면 중 하나는 수백만 줄의 코드를 작성하는 동시에 코드를 반복해서 모듈화하고, 퍼뜨리고, 재연결하고, 재조립할 수 있게 해주었던 도구이다. '파이프$_{pipe}$'와 '포트$_{port}$'를 이용한 정교한 메커니즘(기본적으로 조립식 건축 장난감과 비슷한 구조 덕분에 프로그래머들이 서브컴포넌트를 분리하여 손보는 동안에도 재조립 구조는 온전하다)은 전체 시스템이 돌아가도록 유지한다. 핵심 구성원들은 서브컴포넌트에서 버그를 식별해 전체 시스템에 문제가 생기는 것을 막는다. 〈터미네이터 2〉에 나오는 액체 금속 사이보그처럼, 각각의 모듈은 분해되었다가, 다시 모이면서 이전보다 훨씬 강력해진다. 시스템을 통한 개선 사항은 결과적으로 소스 코드를 더 좋아지게 한다.
- **피드백:** 사용자들은 단순히 리눅스를 소비하지 않고, 리눅스를 다시 만든다. 하지만 토르발스와 핵심 구성원들이 확립한 복합 피드백 및 피드포워드 창구가 없었다면 이런 일은 일어나지 못한다. 효과적인 소통의 흐름은 리눅스의 생명력과도 같다. 소스 코드에 쓰인 코멘트, 유즈넷과 블로그의 게시글, 열띤 토론이나 남의 화를 부추기는 글, 상호 비방전까지도 모두 리눅스를 살아남게 하고, 결국은 적응하게 하는 정보 생태계에 기여한다.[8] 모든 방향으로 흐르는 정보의 지속적인 흐름(수직은 물론 수평으로도)은 시스템과 프로세스를 투명하게 하고, 우연히 접근한 사람도 이해할 수 있게 한다. 위키피디아의 항목에 어

떤 변화가 생겼는지 관심 있는 사람이라면 누구나 기록을 추적하고 개발이 어떻게 진행되어왔는지 볼 수 있는 것처럼, 리눅스 생태계에서 소통의 기록과 흐름은 이 시스템이 계속 모든 사람에게 공개되고 이해 가능하게 해줄 것이다.

리누스 토르발스를 비롯한 핵심 구성원들이 리눅스의 탄생에서 일정 정도 역할을 한 것은 분명하지만, 그들이 리눅스를 만들지는 않았다. 그들은 리눅스가 만들어지게 했다. 말장난 같아 보이지만 그 차이는 중요하다. 리눅스의 탄생에서 스캐폴딩을 만든 것에는 의도가 있다. 하지만 그 의도가 2400만 줄의 코드를 만든 것은 아니다. 하향식과 상향식의 동적인 균형이 코드 자체에 생기를 불어넣는다. 생태계와 매우 비슷하다. 동적이고, 적응력과 회복력이 있다. 혁신을 확장하는 동안 복잡도를 해결한다.

스캐폴딩은 한 가지 역설을 지닌다. 스캐폴딩은 설계된 것이면서 개방되어 있기도 하다. 변화하고, 복잡하고, 비권위적이고, 반복적인 이 프로세스에는 기술적 시스템과 생물학적 시스템 양쪽의 특성이 뒤섞여 있다. 생산성과 소통, 적응에 관한 성공적인 집단을 만들어 사회적 참여를 극대화한다. 생명이 실험적이듯 이 프로세스도 실험적이다. 어떠한 혁신이나 변화가 지역 생태계에서 살아남는다는 보장은 없다. 다수의 작은 테스트가 동시에 일어나야 한다. 그리고 지식과 통찰은 생태계 전반에 걸쳐 누구나 자유롭게 이용할 수 있게 공개되어야 한다. 완전히 생물학적이지도 않고, 기술적이지도 않지만 궁극적으로 매우 사회적이다. 하향식도 상향식도 아니다. 풍부하고 비옥한 중간에서 번창하는 무언가일 것이다. 고장 난 행성을 수리하고, 우리 정치체계의 매듭을 풀고, 혹은 우리 사회를 더 정의롭게 만드는 것이 보통 일은 아니다. 변화를 위해서는 근본적인 불확실성을 기꺼이 수용해야 하고 해결책을 발견할 수 있도록 다른 사람들에게 도움을 청하는 믿음이 필요하다.

8

복잡성을 받아들이기

세상이 서로 연결될수록, 문제는 풀기가 훨씬 더 어려워진다.

너무 얽히고설켜 시작이 어디인지,

중간이나 끝은 어디인지 갈피를 잡지 못한다.

세상의 문제들이 풀기엔 너무 복잡해진 것일까?

우리는 어떻게 이러한 근본적인 복잡성 속에서 갈피를 잡을 수 있을까?

감당할 수 없는 복잡도에 무기력해지고 스케일 변화 속에서 헤매다 보면 우리는 어느 쪽으로 가야 할지 모르게 되는 경우가 많다. 계산대 앞에서 종이봉투와 비닐봉투 중 하나를 고르든, 산더미처럼 쌓인 이메일과 함께 사무실에 있든, 선택지가 썩 내키지 않는다.

쉬운 해답은 없다

환경주의자들의 진언인 "글로벌하게 생각하고, 지역적으로 행동하라"는 큰 스케일의 변화에 관한 한 가지 모델을 제시한다. 어디서든 변화의 주체들이 그들의 지역 상황에 주의 집중하고 문제를 지속 가능한 방식으로 해결한다면, 그런 행동이 모여 암울한 세계를 더 밝은 모습으로 만들 것이다. 하지만 이 변화의 모델에는 근본적인 문제가 있다. 인구이론에서 '네덜란드 오류Netherlands Fallacy'로 알려진 이 비판은, 많은 경우 지역적인 해결이 다른 곳에 새로운 문제를 일으킬 수 있다는 사실에 초점을 맞춘다. 바꿔 말하자면, 이제 상호 연결된 까다로운 세상이 도래했다는 말이다.

앤 에얼릭Anne Ehrlich과 폴 에얼릭Paul Ehrlich은 1990년에 출간한 저서 《인구 폭발The Population Explosion》을 통해 네덜란드 오류를 사람들에게 알렸다. 그들이 네덜란드에 집중한 이유는 〈포브스〉의 한 기사에서 네덜란드를 많은 인구와 높은 생활수준이 공존할 수 있는 나라의 사례로 들었기 때문이었다. 에얼릭 부부는 이것을 다르게 보았다. "〈포브스〉가 네덜란드를 인구과잉이 아니라고 생각했다는 것이 특히 아이러니하다. 이것은 20년 동안 '네덜란드 오류'로 알려져온 흔한 오류이다. 네덜란드는 1제곱마일당 1031명이 살 수 있는데 이것은 나머지 국가에서 그럴 수 없기 때문에 가능한 상황이다."[1] 즉, 정확하게 말해서 네덜란드가 높은 생활수준을 유지할 수 있는 이유는 식량과 에너지를 상대적으로 낮은 가격에 수입하는 방법으로 다른 나라를 착취하고 있기 때문이다. 그들은 (삶의 질을 높이고 생태발자국을 줄이기 위해) 지역적으로 행동했지만, 지역에 미치는 영향을 해결함으로써 다른 곳의 불평등과 불균형을 악화시켰다.

변화에 관한 스케일링* 이론은 이와 다르게 작용한다. 모든 곳의

---

* scaling, 크기 혹은 규모의 조정.

사람들이 한 번에 한 곳씩 자기 지역 문제를 대면하기보다는, 하나의 혁신적인 아이디어가 다수의 지역으로 급속도로 퍼져나가게 하는 것이 효과와 에너지, 시간 측면에서 규모의 경제 효과가 있다는 것이다. 이 모델은 문제에는 단일한 혁신 모델로 다룰 수 있는 공통된 특성이 있다고 가정한다. 예를 들면, 폭력 범죄가 급등하는 것을 막기 위해 지역공동체 경찰제*를 도입한 것은 전국에 있는 많은 도시가 지역적인 차이에도 불구하고 같은 결과가 나오길 기대하고 똑같은 모델을 수용했다는 의미이다. 이와 비슷하게, 생태계·교통·건강 문제를 해결하기 위해 유럽의 도시들이 앞장서서 시도한 자전거 공유 서비스는 동일한 도시 문제들을 관리하고자 하는 다른 도시들로 폭넓게 확산되었다.

변화에 대한 스케일링 모델은 바이러스성 감염이나 산불과 비슷하게 작용한다. 이 모델은 상황 A에서 효과가 있었다면, 필수적이고 유사한 환경을 가진 상황 B에서 변화가 확산될 가능성이 크기에 상황 B에서 변화가 일어날 것이라고 가정한다. 하지만 스케일링은 단순히 아이디어의 확산 이상의 것을 의미한다. 한 지역사회에서 다른 지역사회로 확장되면 해결책의 복잡도와 범위도 커진다. 이러한 방식의 문제는 지속적인 피드백 순환이 일어나지 않는다는 점이다. 이

* community police, 특정 지역의 주민을 잘 알고 사정을 잘 파악하고 있는 경찰이 그 지역의 치안을 담당하게 하는 제도.

모델은 스케일링이 한 방향, 즉 위로만 작동하고 스캐폴딩처럼 양방향으로 작동하지 않는다. 혁신의 스케일링 모델에서 유일한 목표가 더 많이 팔고, 더 많은 사람을 만나고, 더 많은 사람을 설득하는 것이라면, 학습과 적응은 일어나지 않을 것이다.

어떤 프로세스를 확장하고자 할 때는, 어떻게 시스템을 변화시킬 것인지, 혹은 초기의 소규모 시스템으로 다양한 지역사회의 요구를 어떻게 충족할 것인지에 대한 질문이 뒤따르기 마련이다. 그 과정은 비즈니스나 기술 혁신만큼이나 사회적 혁신과도 관계가 있다. 어느 시골 마을에서 저비용으로 오랫동안 지속할 수 있는 공중보건 시스템을 구축할 방법을 찾아냈다고 해보자. 지역정부 혹은 중앙정부의 담당 공무원들은 훨씬 다양한 대중을 대상으로 그러한 혁신을 시급하게 구현하려고 할 것이다. 한 소규모 의류 디자인 및 제조업체가 언론의 호평과 트위터의 바이럴 마케팅 덕분에 수익이 늘어나 생각했던 것보다 이르게 생산과 투자를 늘려야 할 수도 있을 것이다. 그러나 그처럼 의미 있는 수요의 증가가 미래까지 지속되지 않을 수도 있다. 또는 에어비앤비 같은 주거 공유 서비스가 몇몇 곳에서 성공적으로 시작할 수는 있지만, 어떻게 수백만 명의 사용자를 비롯하여 사우디아라비아, 세네갈, 싱가폴 등 다양한 나라의 주거 공유와 접대에 대한 규제, 문화적 관습을 관리하면서 대규모 플랫폼으로 확장할 수 있을까? 여러 다양한 맥락과 상황에서 지침이나 계획 역할을 하며 잘 작동하는 확장이 가능하긴 한 걸까? 단답식으로 말하자면 '아니요'이지만, 조금 자세하게 설명한다면 그 과정에서 스케일과 시스템의 변화에 관한 몇 가지 놀라운 통찰이 드러날 것이다.

비선형 세계, 복잡계 세상

스케일에 따라 설계하고 계획하고 혁신하면서, 혹은 스케일에 따라 행동하면서 우리는 수많은 시스템을 만나게 된다. 시스템은 요소와 관계가 결합해 특정한 행태를 보여주는 것이다. 시스템은 모형기차나 날씨처럼 물리적일 수도 있지만, 종교적 신념, 가족, 소프트웨어처럼 비물질적일 수도 있다. 모든 것이 시스템은 아니지만 대부분의 것들은 더 큰 시스템의 부분이다.

예를 들어, 토스터의 배선도는 단순한 공학적 시스템이다. 몇 가지 설명만으로도 우리는 그것이 어떻게 작동하는지 이해할 수 있다(작동장치를 누르면 전자가 흘러 열을 발생시키고……). 역사적으로 시스템 사고는 공학과 컴퓨터 과학에서 탄생했지만, 사회과학에서도 그 흔적을 찾을 수 있다. 엔지니어는 놀라운 방식으로 실행되는 아주 복잡한 시스템을 만들어왔다(안전하게 하늘을 나는 비행기, 바람이 불어도 안전한 고층건물, 협곡을 잇는 다리, 언제나 멈추지 않는 인터넷). 수백만은 아니더라도 수천 가지 부품으로 구성되는 이 시스템들은 선형적이다. 이는 모든 부품이 무슨 일을 하는지, 전체의 어떤 부분에 기여하는지, 시스템이 고장 나면 어떻게 수리하는지에 대해 매우 구체적으로 식별할 수 있다는 것을 뜻한다. 운영체제나 워드프로세서 같은 소프트웨어 역시 수천만 줄의 코드로 이루어진 복잡한 시스템의 예이다. 우리의 일이 조금도 틀림 없이 진행되려면 모든 코드가 서로 조화롭게 상호작용해야 한다. 하나의 작은 버그나 형편없는 코드가 시스템을 무력화할 수 있다. 한편 시스템을 원래대로 되돌리고 다시 운영되게 하려면 그 부분의 코드만 수정하면 된다.

반면 복잡계complex system는 이해하기도, 고치기도 쉽지 않다. 복잡계에서 간단히 해결되는 것은 없다. 적은 양의, 표적이 정해진 입력은 예상할 수 있는 결과물을 산출하지 못한다. 이러한 관계는 비선형적이다. 한 요소와 그 역할 사이에 일대일 관계가 성립하지 않는다는 의미이다. 또한 시스템 요소들 사이의 관계를 추론할 수 없다. 작은 변화가 거의 아무런 영향을 미치지 못하다가 어떤 때에는 큰 변화를 일으키기도 한다. 이것이 복잡계의 수수께끼이다. 혁신에 관한 스케일링 모델은 선형 시스템 내부에서는 제대로 작동하지만 복잡계와 같은 비선형 시스템에서는 크게 실패하는 경우가 많다. 간단한 입력만으로는 예상 가능한 결과물이 나오는 경우가 거의 없기 때문이다.

남서부 시골 지역의 멧돼지를 예로 들어보자. 공격적이고, 잡식성이며, 피부를 꿰뚫을 수 있는 15센티미터의 엄니가 위협적인 이 포식자는 폭발적인 성장과 파괴 행위로 생태계에 큰 혼란을 가하고 있다. 또한 사냥꾼과 수렵 감시관 모두 당해내지 못할 정도로 영리해서 벅찬 도전을 찾아 어슬렁거리는 사냥꾼의 좋은 적수다. 그래서인지 남서부 지역 주들에서 멧돼지가 갑자기 늘어나고 있다. 급속히 퍼지는 돼지의 서식지를 살펴보면, 돼지가 정착한 패턴이 무작위적이다. 이 사실에서 사냥꾼들이 멧돼지를 야생에 방출했을 가능성이 매우 높다는 것을 알 수 있다. 멧돼지들이 서식하는 곳은 원래 태어난 곳이 아니다. 영리하고 잘 도망치기 때문에 멧돼지 사냥에서 스릴을 느낀 사냥꾼들이 미국의 야생에 최초로 풀어놓았던 것이다. 전문가들은 현재 200만에서 600만 마리가 39개 주에 걸쳐 살 것으로 추정한다. 멧돼지는 번식력이 어마어마해서 암컷 한 마리가 매년 최대 24마리까지 새끼를 낳고, 인간 사냥꾼을 제외하면 알려진 포식자가 존재하지 않는다.

가장 중요한 것은 이렇게 멧돼지가 갑작스럽게 증가하면서 남부 전역의 인공적 생태계와 자연적 생태계 모두 건강과 회복력이 위협받는다는 점이다. "돼지들이 토양과 진흙탕을 비롯한 수원을 파괴하고 있다. 물고기가 죽어가는 원인이기도 할 것이다. 토종 식물을 못살게 굴고, 외지에서 온 식물이 자리 잡기 수월하게 해준다. 가축의 먹이를 빼앗고, 때로는 가축을 잡아먹기도 한다. 특히 새끼 양이나, 새끼 염소, 송아지를 잡아먹는다. 또한 사슴이나 메추리 같은 야생동물도 먹고, 멸종 위기에 처한 바다거북의 알도 먹어치운다."[2] 돼지의 다양한 종이 수세기 동안 존재해왔지만, 1980년대에 와서야 그 수가 증가하기 시작했다. 외부에서 유입된 멧돼지는 매년 15억 달러로 추정되는 피해를 입혀왔고, 개체수를 통제하는 것은 사냥꾼이나 수렵 감시관의 힘을 벗어나는 일이다. 멧돼지는 너무 교활하고, 수가 많으며, 박멸하기에는 너무 번식력이 강하다.[3] 사냥꾼들은 사냥을 목적으로 멧돼지를 몇 마리 풀어놓은 것이 생태계의 아슬아슬한 균형을 완전히 혼란에 빠뜨리게 될지 몰랐을 것이다. 요즘 남서 지역에는 이런 말이 생겼다고 한다. "세상에는 두 부류의 사람이 있는데, 자기 땅에 멧돼지가 사는 사람과 자기 땅에 멧돼지가 살게 될 사람이다."[4]

왜 이렇게 복잡해졌을까

작은 입력으로 균형을 잃어버리는 결과가 나오는 것. 복잡계의 불안정성이란 이런 것이다. 그리고 이러한 복잡계가 우리를 둘러싸고 있다. 복잡한 엔지니어링 시스템은 작은 구성요소로 분해하는 방법으로 이해할 수는 있지만, 복잡계는 합리적인 수단-결과 계산이나 논리를 거부한다. 이 세상의 모든 선의가 까다로운 복잡계를 복잡하지만 예측 가능한 시스템으로 바꾸지는 못한다.

이것은 호르스트 리텔Horst Rittel과 멜빈 웨버Melvin Webber가 1973년에 〈계획에 대한 일반 이론에서의 딜레마〉라는 에세이에서 예술적으로 묘사한 증후군이다. 새로운 부류의 풀리지 않는 사회적 콤플렉스를 묘사하기 위해 '난제wicked problem'(여기서 wicked는 악의는 없지만 지독하게 복잡하다는 의미이다)라는 표현을 사용하면서, 그들은 전문적인 기획 계층의 증가를 배경으로 이러한 '딜레마'의 등장을 그리고 있다.

총기 사용, 교통체증, 빈곤 등의 난제에는 몇 가지 우려할 만한 특징이 있다. 이런 문제들은 우리가 해결하려고 할수록 더 나빠지기만 하는 것 같다. 끝도 없고, 경계도 없다. 각각의 문제는 보통 다른 문제들의 징후이기도 하다. 건강 상태가 좋지 못한 것은 열악한 교육환경의 징후이고, 열악한 교육환경은 만성적인 실업의 징후이며, 만성적 실업은 높은 범죄율의, 높은 범죄율은 폭력의 만연을 나타내는 징후이다. 그리고 폭력적인 이웃들은 나쁜 건강 상태와 연관이 있다. 난제는 계속 순환한다. 경제적 기회를 검토하지 않고 어떻게 범죄 문제에 다가갈 수 있을까? 높은 교육 수준을 요구하는 취업 시장에서 어떻게 경제적 기회 문제에 다가갈 수 있을까?

기획자에게 역설적인 점은 그들은 실제로 19세기와 20세기 선진국 도시를 괴롭혔던 많은 문제를 해결했다는 것이다. 체계적이고 합리적인 기획은 대부분 20세기 초 도시의 사회악을 근절시켰다. 포장도로는 지역들이 상호연결되게 만들었고, 주거 프로젝트는 빈곤층에게도 안전을 보장했으며, 근대의 상하수도 시스템은 질병을 퇴치했고, 공공교육은 아이들에게 경제적 신분 상승의 기회를 제공했다. 그래서 어떻게 됐을까? 한마디로 말하면, 복잡해졌다.

문제의 본질이 관리와 예측이 가능한 것에서 관리와 예측이 불가능한 고약한 것으로 바뀌었다. 과거에는 신중한 사고와 합리적인 해결책으로 풀 수 있었던 문제들이 더 이상 그렇게 해결되지 않는다. 다시 말해, 시스템의 스케일이 변화하면서 예상치 못한 새로운 행동이 나타난다. 여러 가지 요인이 이러한 상태를 유도했는데, 특히 세 가지가 지금의 논의와 관계가 있다.

첫째, 사회적 맥락 안에 있는 시스템들은 사회적 영향력을 가진다. 즉, 다양한 공동체의 요구, 필요, 능력, 정치, 자원, 기회 사이의 어지럽게 얽힌 연관성은 단순하고 직접적인 개입을 어렵게 한다. 어느 집단에서 효과가 있었던 것이 다른 집단에서는 효과가 없을 수도 있다. 이들 사회적 시스템은 경계가 없고, '개방적'이며, 내적으로 상충하기 때문이다.

둘째, 20세기 초의 문제들을 해결하기 위해서는 기획자의 효율성이 요구됐다. 반면 새로운 부류의 문제들이 요구하는 것은 해결책이 관련 공동체들의 필요에 맞게 '적절'해야 한다는 것이다. 두 저자 리텔과 멜빈이 1960년대 말의 영향권 아래에서 글을 썼었다는 사실을 명심해야 한다. 이 시기는 다양한 인권운동(젠더, 민족, 성적 지향, 장애)을 통해 정의의 저울이 한 특권 집단에게로 기울어져 있다고 주장하던 때였다. 백인 엘리트 남성으로 구성된 지배 집단에게는 올바르고 적절하게 보이는 해결책이 갈수록 영향력이 커지지만, 만성적으로 낙후된 공동체에게는 적절하지 않게 보이는 것이 당연하다. 로버트 모지스Robert Moses*는 남부 브롱크스를 관통하는 고속도로를 건설하는 것이 녹음이 우거진 코네티컷의 교외 지역에서 값비싼 차를 타고 통근하는 사람들에게는 타당한 기획이라고 생각했겠지만, 크로스 브롱크스 고속도로를 짓기 위해 이주해야 하는 유대인과 아프리카계 미국인 주민들은 올바르거나 정당하다고 여기지 않았다.

셋째, 기존의 기획은 기획자가 시스템 외부에서 전지적 조감도의 시점으로 시스템을 내려다볼 수 있어야 한다고 가정했다. 하지만 어느 전문가도 실제로 그런 시점을 획득하거나, 관찰하는 시스템으로부터 독립적이었던 적이 없었다. 리텔과 멜빈은 이렇게 썼다. "전문가 역시 무엇이 좋은 것인가에 대한 자신의 사적인 생각을 홍보하려는 정치 게임의 참가자이다. 기획은 정치의 구성요소이다. 너무나도 당연해서 여기에 예외는 없을 것이다."[5] 리텔과 웨버에게, 20세기 후반 그들을 곤경에 빠뜨린 난제를 쉽게 해결할 수 있는 방법은 없었다. 그들이 속한 전문적인 기획자 계층은 부분적인 지식에 대해서만 권리를 주장할 수 있었고, 극히 일부의 가치만 담을 수 있었다.

설상가상으로, 복잡계는 1970년대 초에 리텔과 웨버가 에세이를 쓴 이후 더욱 꼬이고 엉켜버렸다. 세상이 서로 연결될수록, 문제는 풀기가 훨씬 더 어려워진다. 너무 얽히고설켜 시작이 어디인지, 중

---

* 뉴욕주에서 활동한 도시 계획 전문가.

간이나 끝은 어디인지 갈피를 잡지 못한다. 세상의 문제들이 풀기엔 너무 복잡해진 것일까? 우리가 매일 상호작용하는 사회적·기술적·환경적 시스템이 관리하기엔 너무 복잡하게 얽혀버렸을까? 우리는 어떻게 이러한 근본적 복잡성 속에서 갈피를 잡을 수 있을까? 혹은 약간 다르게 말하자면, 복잡성과 마주하게 되면 어떻게 행동할 수 있을까?

새로운 사고방식과 수용력

시스템은 기술적인 시스템(전화 시스템), 사회적인 시스템(친구들 사이의 관계망), 환경적 시스템(도시 전역을 흐르는 빗물) 등 우리의 주변 어디서나 볼 수 있다. 그 스케일도 글로벌한 것(인터넷이나 날씨)에서부터 국부적인 것(퇴비 더미, 자동차)까지 다양하다. 시스템의 구성요소들이 서로 연결되어 행동이 나타나며, 때로는 좀 더 고차원적 목적을 드러내기도 한다. 시스템이 존재하면 전체는 부분의 합보다 크다. 우리는 (우리 자신이 얼마나 중요하고 또한 무책임한지 깨닫게 해준) 생태적 사유를 통해 상황, 과정, 현상을 보면 그것들이 속한 시스템까지 보게 되었다. 이것은 왜 그토록 '고장 난 시스템'이라는 말이 자주 보이고 들리는지 설명해준다. 실제로 시스템은 더 명확히 보이지만, 시스템의 작용은 여전히 이해하기 어려운 것이다.

우리는 인간계와 자연계가 엄청나게 복잡하고 직관적으로는 이해할 수 없는 방식으로 상호작용하고 있다는 사실을 안다. 예를 들어, 농사나 목축은 예측할 수 없는 생물 시스템에 맞선 인간의 분투를 대표해왔다. 그 혼란에 다양한 형태의 정보를 거의 실시간으로 처리할 수 있는 능력을 갖춘 글로벌한 스케일의 기술 시스템이 더해졌고, 우리는 우리의 문제가 왜 그렇게 풀기 어려워졌는지 이해하기 시작했다. 우리는 대개 최고의 엘리트들을 모아 가장 중대한 문제를 해결하려 하지만, 그 해결책은 이득보다 피해를 주는 경우가 많다. 예를 들어, 백열전구를 사용하다가 간편하고 밝은 LED 전구를 사용하면서 에너지 효율성이 급격하게 높아졌다. 하지만 LED 전구 가격이 낮아지면서 설치와 사용이 증가하자 전 세계적으로 광공해도 늘었다.[6] 비선형, 복잡 시스템에서 변화는 선형적이지 않다. 적은 입력으로도 연쇄적인 변화(다른 수역에서 온 소수의 조류藻類가 호수를 죽이는 다수의 조류로 전이하는 경우)로 이어질 수 있고, 막대한 입력을 투입해도 아무런 영향이 없을 수도 있다(마크 저커버그가 뉴어크 지역에 막대한 자원을 투입했던 일을 떠올려보라). 이러한 우연성과 예측 불가한 특성을 고려한다면, 우리가 하는 행동이 불평등하고 부적절한 반응으로 이어질 수도 있다는 생각에 온몸이 얼어붙지 않을 수가 없을 것이다.

불확실성과 복잡성이라는 두 가지 난제가 넘을 수 없는 장애물은 아니지만, 필요한 것은 동일한 방향으로 힘을 더하는 것(문제가 클수록 더 큰 해머를 사용하는 것처럼)이 아니라 새로운 사고방식과 완전히 새로운 시각의 수용력이다. 지적이고 시적인 시스템 사상가 도넬라 메도즈는 시스템에는 아무리 복잡한 시스템이라 하더라도 압력이나 힘, 지성, 자원을 적용했을 때 근본적으로 시스템을 최적화된 행동으로 움직이게 하는 레버리지 포인트나 기회가 있다는 입장을 유지했다. 스케일 프레이밍과 마찬가지로 각각의 레버리지 포인트는 보다 최적의 방향으로 시스템을 움직이는 질적으로 다른 기회를 제공한다. 마치 고통받는 환자에게 교묘하게 놓는 침술사의 바늘처럼 말이다. 하지만 그러한 전술에 쉽게 굴복하지 않는 시스템이 있고, 그러한 시스템을 기획하고 통제하고 관리하려는 우리의 욕망 속에는 위험한 요소들이 있다.

그러한 지휘 및 통제의 사고방식은 기계적인 세계관의 유물이다. 즉, 힘이나 지적 능력을 충분히 적용하면, 마치 전기 시스템에서 퓨즈를 갈아 끼우는 것처럼, 모든 것이 다시 제대로 흘러가도록 원하는 대로 시스템의 상태를 조종할 수 있다는 것이다. 임스 부부의 모든 것을 꿰뚫어보는 카메라처럼, 자신만의 시각을 객관적인 시각과 동일시하고, 변화를 일으키기 위해 취해야 할 자명한 행동이 있다고 생각하고 싶은 유혹도 있다. 하지만 이것이 사실이라면 난제는 생기지 않아야 한다. 더 깊이 생각해야 할 문제는 지식 그 자체에 대한 것이다. "우리는 환원주의 과학의 방식으로는, 절대 세상을 완전하게 이해할 수 없다. 양자 이론이나 카오스 이론처럼 우리의 과학 자체가 우리를 환원되지 않는 불확실성으로 이끈다. 이해하고 예측하고 통제할 수 없다면 무엇을 해야 할까?"[7] 시스템을 조종하고 싶은 유혹에도 불구하고, 복잡계는 그러한 통제 계획으로 다스리기에는 본질적으로 너무나 제멋대로다. 끈적한 물질을 품은 번데기처럼 복잡계와 난제의 중심에는 근본적인 불확실성의 덩어리가 있다.

문제의 스케일과 복잡성, 지저분함에 압도되지 말고, 선禪과 유사한 참여와 능동적인 조율을 할 수 있어야 한다. 우리가 추구해야 하는 것은 시스템을 통달하는 것이 아니라 더 높은 차원의 의식이다. 메도즈는 다음과 같이 말한다. "우리는 시스템을 통제하거나, 이해할 수 없다. 하지만 우리는 시스템과 춤을 출 수 있다! 나는 급류 타기, 정원 관리, 악기 연주, 스키를 통해서 위대한 힘과 춤을 추는 법을 배웠다. 그러한 시도를 하기 위해서는 마음을 열고 깨어 있어야 하고, 세심하게 관찰해야 하며, 모든 일에 열심히 참여하고, 피드백에 응답을 해야 한다."[8] 이는 모두 정신과 육체와 감각이 개입하여 역동적으로 밀고 당기는 활동이다. 조율은 그저 컴퓨터 화면을 예의 주시한다고 되는 것이 아니다. 조율은 정신과 조화를 이루어 복잡성을 보다 겸손하고 완전하게 받아들이기 위한 하나의 수단으로서 육체의 뛰어남을 재주장하는 것이다. 조율은 육체와 정신, 감각을 그 상황에 몰입하게 하는 것이다.

'한 방'이나 마법의 해결책은 존재하지 않는다. 우리가 보는 얽히고설킨 시스템은 물리적이라기보다는 생물학적 특성을 보이고, 배선도나 컴퓨터 코드보다는 복잡한 생태계와 훨씬 비슷해 보인다. 하지만 미묘하게 다른 방법도 언뜻 보인다. 스케일과 복잡성의 조합이 새롭고 대안적인 전략을 필요로 한다는 것을 인지하는 다른 시각의 접근법이다. 우리는 인내심을 가지고 반복해서 참여해야 한다. 그것도 주의 깊고 세밀하게 해야 한다. 조율은 약간의 실패와 약간의 성공이 뒤섞인 반복적인 과정(해결하고, 다시 해결하고, 설계하고, 재설계하는)이다.[9] 여기서 얻은 데이터와 배운 것들은 앞으로의 궤도(피드백과 조정, 탐색과 중단, 테스트와 반영, 겸손과 영감, 듣기와 행동하기의 반복 순환)를 도는 에너지가 되어줄 것이다. 조율은 연속적 접근의 한 방법이다. 반복하면서 오류를 줄이고 (이룰 수는 없지만 염원하는) 안정된 상태를 향해 가속도를 붙여 나아간다.

그런데 설계는 누가 하는 것일까? 단지 전문가만이 아닌 우리 모두가 해야 한다. 여기서 스캐폴딩의 역할이 있다. 우리는 모두 우리의 참여를 촉구하고 우리 각각의 지혜에 의지하며, 거리를 두는 전문가는 거부하는 제대로 계획된 과정에 함께해야 한다. 자율권과 동력, 시스템을 변화시킬 수 있는 능력이 시스템을 사용하는 사람들에게 돌아갈 때, 우리는 마침내 시스템이 더 섬세하고 더 잘 반응하는 모습을 볼 수 있을 것이다. 전문가가 주도하는 하향식 해결책은 불안정하다. 그러한 해결책은 권한을 부여하는 것이 아니라 상황을 진정시킬 뿐이다. 스캐폴딩 방법은 우리를 지적이고 반응을 잘하는, 참여를 권장하는 사람들과 연결함으로써 회복력을 키운다. 우리는 개방성, 수용성, 조율, 새로운 기준, 그리고 반복해서 설계하기 위한 끈질긴 지속성이 잘 작용하는 환경을 만들어야 한다. 작고 민첩하고 반복적이며 다수가 참여하는 설계가 반드시 더 빠르게 복잡계를 올바른 방향으로 발전시키는 것은 아니지만, 적어도 스스로 수정하는 성향이 있어 시스템을 한방에 고치고 싶어 하는, 그래서 잘못된 방향으로 가게 만드는 충동을 극복할 수 있다.

몬데르만의 교차로에서 찾은 가능성

한스 몬데르만Hans Monderman은 교통 엔지니어계 유명인사라 할 만한 인물이다. 2008년, 62세에 암으로 사망할 때까지 교통공학에 대한 그의 온건하면서도 독특한 아이디어는 교통 및 도시계획 분야에 반향을 일으키며 문화 전반에 스며들었다. 〈윌슨 쿼털리〉, 〈와이어드〉, 〈뉴욕 타임스〉, 〈가디언〉 등의 매체는 그와 그의 작품에 대한 특집 기사들을 실었다. 몬데르만의 작품은 규모가 크지는 않지만 교통 전문가들 사이에서 그의 명성은 대단하다. 그의 아이디어는 엄청난 결과를 몰고 온 작은 파동이다. 몬데르만은 새로운 설계의 안전성과 기능을 보여주기 위해 현장을 같이 거닐며 자신을 인터뷰하는 사람들에게 재미있는 장난을 쳤다. 눈을 감고 뒤로 걸어서 그가 새롭게 설계한 교차로를 건너곤 했던 것이다. 그는 한 번도 다친 적이 없었다. 그가 왜 자신의 아이디어가 효과적이라는 것을 이런 식으로 보여주었는지 이해하기 위해서는, 그가 어떻게 우리를 시스템과 춤출 수 있게 했는지 이해해야 한다.

교통공학은 대부분의 공학과 마찬가지로 선형적인 방식으로 작동한다. 해결책의 크기와 복잡도는 문제의 크기와 복잡도에 비례하는 경우가 많았다. 네덜란드의 드라흐턴은 4만 4000여 명의 비교적 적은 인구를 가진 소도시로, 2001년 어린이 두 명의 목숨을 앗아간 중심지에 있는 교차로의 기능을 개선하기 위해 몬데르만을 고용했다.

드라흐턴에서는 교통 정체가 잦았고, 사고도 적지 않은 편이었다. 이런 상황에서 교통 엔지니어의 일반적인 대응은 표지판을 더 추가하고, 정지신호 규제를 강화하고, 운전자와 보행자를 보호하고 분리하기 위해 방지턱과 연석을 설치하는 것이었다. 다시 말해, '큰 문제에는 큰 망치'라는 뜻이다. 그러나 몬데르만은 근본적으로 다른 방향을 향했다. 그는 교차로에 있던 거의 모든 것을 제거했다. 거의 모든 표지판과 정지신호를 없앴고, 카페들과 보행자들이 도로와 더 가까워지게 했다. 그리고 연석을 없애고 대중 미술 작품을 설치했다. 교통이 혼잡했던 이곳은 이러한 급진적인 실험의 결과로 교통 흐름이 30퍼센트 증가한 반면 사고는 50퍼센트 감소했다.

몬데르만은 공학적 계획보다는 개별 운전자 수준에서 생각하며 상황을 재구성했다. 또한 어떤 경우에는 손을 잡고 복잡함을 통과

그림 39 네덜란드 드라흐턴에 있는 교차로(재설계 전). (사진: 에디 야우스트라, © 스말링에를란트 자치구)

시켜주기보다는 다른 사람들에게 헤치고 나아갈 권한을 넘기는 것이 더 좋다는 사실을 깨닫고, 불확실성을 수용했다. '공유 공간shared space'으로 알려진 몬데르만의 철학은, 자동차와 교통 시스템이 아닌 보행자와 운전자를 대변하는 관점으로 교통 문제를 재구성하는 것이었다. 10^3이 아닌 10^1의 규모로 생각했다고 할 수 있을 것이다. 몬데르만의 말을 빌리자면, "사람들을 바보로 대하면, 바보처럼 행동한다".[10] 몬데르만은 교통신호와 표지판이 서서히 운전자를 수동적으로 바꾸어놓아 운전자를 둘러싼 온정주의적 인프라에서 나온 지시 사항에 의지하게 된다는 사실을 깨달았다. 이런 방식으로는 교통량이 많을수록 더 많은 인프라가 필요해졌고, 운전자들은 더 수동적

그림 40 네덜란드 드라흐턴의 교차로(재설계 후). 몬데르만은 표지판을 최대한 제거함으로써 교차로를 운전자와 보행자가 능동적으로 협상하는 공간으로 바꾸어놓았다. (사진: 벤 벵케, 〈슈피겔〉)

이 되어 좋지 않은 결과로 이어졌다. 몬데르만이 자동차에서 운전자로 관심의 대상을 바꾸면서, 교차로에서 운전자와 보행자의 움직임이 동등해졌고, 수동적으로 따라오는 입장에서 능동적으로 협상하는 입장으로 바뀌었다.

몬데르만은 교통이 두 가지 다른 스케일에서 작용한다고 인지했다. 톰 밴더빌트Tom Vanderbilt의 말처럼 "몬데르만은 두 가지 우주를 상상했다. 하나는 표준화되고 균일화된 고속도로의 '교통계traffic world'로, 고속으로 달릴 때에도 읽을 수 있도록 하는 간단한 지시 사항으로 구성된 명료한 세계다. 그리고 '사회계social world'가 있다. 이곳에서는 사람들이 인간 신호와 인간의 속도를 이용하여 교류한다. 몬

그림 41 뉴햄프셔주 콩코드의 교차로. 드라흐턴의 교차로와는 대조적으로 이 작은 교차로에 27개의 교통 표지판이 설치되어 있다.

데르만이 드라흐턴의 중심부를 비롯한 다수의 장소에 교통 인프라를 원하지 않았던 이유는 단순했다. '내가 원한 것은 교통 현상이 아니라 사회적 행동이었다.'"[11] 표지판을 최대한 제거하고 교차로 중심에는 잔디가 깔린 작은 언덕을 설치하여 결과적으로 보행자를 비롯한 사람들과 자동차 사이에 직접적인 공간적 대립이 일어나게 함으로써, 몬데르만은 운전자와 보행자가 통제 규칙을 수동적으로 따르는 것에서 공유 공간을 놓고 능동적으로 협상하는 식으로 조정할 것이라고 기대했다.

몬데르만은 양측이 그러한 대립을 효과적으로 헤쳐 나아갈 것이라고 생각했다. 전통적인 하향식 교통 규칙이 운전자와 보행자를 다

스리는 것이 아니라, 이들에게 권한이 주어진다면 말이다. 통제를 느슨히 하고 운전자와 보행자의 수준으로 권한을 이양함으로써 몬데르만은 혼돈과 불확실성의 위험을 감수했지만, 그 역시 능동적인 시각적, 사회적 신호들이 나타날 것인지 의구심이 들었다. 그리고 결국 성공했다. 이러한 방법과는 대조적으로 뉴햄프셔주 인구 4만의 콩코드에 있는 이보다 작고 교통량이 더 적은 원형 교차로의 경우, 이 대수롭지 않은 교차로 통행을 위해 교통 엔지니어들이 (최근의 데이터에 따르면) 27개 교통 표지판을 조용한 주거지역에 설치하기로 했다.[12] 몬데르만의 아이디어는 네덜란드를 비롯하여 독일, 스웨덴, 영국의 다른 도시로 전파되어, 모두 성공했다.[13]

게임하는 자가 만드는 게임의 규칙

몬데르만은 새로운 방식으로 교통 문제를 생각하면서 세 가지 주요 전략을 따랐다. 스케일 면에서 생각하고, 불확실성을 수용하고, 다시 우리 몸과 감각을 투입시켰다. 그러기 위해서 몬데르만은 운전자와 보행자가 그들만의 게임의 규칙을 함께 고안할 수 있는 스캐폴딩 혹은 플랫폼을 만들었다. 기존의 접근 방식이었다면 모든 노하우가 교통 전문가에게 있으며, 오직 그들만이 지적 능력을 활용하여 문제를 해결할 수 있다고 가정했을 것이다. 하지만 몬데르만은 움직이는 자동차가 아니라 개인의 수준에 따라 권한과 해결책을 분산하는 것이 더 좋은 해결책을 위한 상황을 만들 것이라는 사실을 깨달았다. 그것은 효과가 있었다. 그가 재설계한 시스템(혹은 반시스템antisystem)은 보행자와 운전자가 원형 교차로에서 움직이는 방식을 정할 때 자신의 감각을 모두 동원할 수 있게 권한을 주었기 때문이다.

만일 페이스북이나 구글이 우리 모두가 개인정보 보호 설정 개발에 참여하는 시스템을 고안했다면 어땠을까? 우리가 학생들에게 학습 환경을 조성하는 권한을 주는 프레임워크를 만들었다면, 그리고 그러한 프레임워크가 스스로 학습하고 더 똑똑해진다면, 학교 시스템은 어떤 모습일까? 만일 우리가 정책 입안 전문가로부터 권한을 분배받아 우리 모두에게 한 가지 역할을 주는 프레임워크와 실질적인 변화를 만드는 데 필요한 피드백 순환구조를 생각한다면, 기후변화에 대한 우리의 반응은 어떻게 달라질까? 스케일과 복잡성 앞에서 온몸이 경직되는 것은 우리의 역할이나 힘이 없기 때문이 아니다. 그것은 환영幻影이다. 우리가 만든 현재의 시스템은 우리의 손에서 힘을 빼앗아 가고 시스템의 감독자들은 자신들에게 해답이 있다고 우리를 납득하게 만들었다. 하향식, 불안정한 시스템은 우리에게서 힘을 빼앗아 갔다. 비록 어떤 경우에는 즐거운 마음으로 이양했다 하더라도 말이다.

중심부 전문가보다 변두리 대중에게 더 많은 지성이 있다. 만일 공유되고, 반복적이고, 조정되는 문제 해결 과정으로 되돌아간다면, 문제가 더 직접적으로 와닿는 지역 수준에서 해결 능력이 더 많다. 우리는 그러한 능력을 돌려받아 얽히고설킨 복잡성을 받아들이고 우리의 목적을 위해 사용해야 한다.

참여 예산제Participatory Budgeting는 관료주의 전문가의 손에 있던 예산에 관한 결정을 직접적인 영향을 받는 사람들에게 돌려주는 것이다. 프로세스에도 어느 정도 설계에 관한 전문지식이 필요하지만, 직접적으로 영향을 받는 사람들이 반복적으로 만나 얼굴을 맞대고 우선순위를 결정할 수 있을 정도의 인프라만 구축하면 된다. 중재를 없애는 것이 목표는 아니다. 목표는 불확실성을 수용하고, 모든 사람과 교류하고, 혼돈을 즐기는 것이다. 몬데르만은 우리가 복잡성의 근원으로 곧바로 향해 가는 모습이 어떠한지 보여준다.

9

1메가바이트와 1기가바이트의 무게가 같은 세계에서 살아가기 위하여

우리는 말하자면

우리의 일과 사회, 여가 환경에 대한 디지털 거울을 만든 것이다.

그렇지만 우리는 우리가 들여다보는 유리 바깥에 존재한다.

이러한 환경에서 보낸 시간이 몸과 마음에 미치는 장기적인 영향은

시간이 지나면서 스스로 드러날 것이다.

우리는 사이버공간의 경계를 향해 떠나는 기약 없는 여행에 자원한

최초의 우주비행사들이다.

모든 모델이 틀렸지만, 그중에 쓸모 있는 것도 있다.

— 조지 박스George Box[1]

우리는 미간을 찌푸린 채 윈도Window를 바라보며, 파일file을 훑어본 다음, 데스크톱desktop에 문서document와 스프레드시트spreadsheet를 띄워놓고 그 사이를 왔다 갔다 하며 작업을 한다. 우리는 이 모든 것이 지금은 거의 찾아볼 수 없는 일의 한 방식에 대한 시각적 은유라는 것을 대수롭게 여기지 않는 듯하다. 그러면서 세상의 나머지 부분은 왜 전자와 픽셀처럼 우리의 뜻대로 움직이지 않는지 궁금해한다. 우리는 말하자면 우리의 일과 사회, 여가 환경에 대한 디지털 거울을 만든 것이다. 우리는 엄청나게 오랜 시간을 디지털 공간에 '묻혀' 지낸다. 그렇지만 우리는 우리가 들여다보는 유리 바깥에 존재한다. 우리의 어깨는 축 늘어져 있고, 목은 길게 앞으로 나와 있고,

손가락은 재빠르게 키보드와 터치패드를 따라 움직이며, 우리가 함께 만드는 이 덧없는 새 세상에 생명을 불어넣고 있다.

이러한 환경에서 보낸 시간이 우리의 몸과 마음에 미치는 장기적인 영향은 시간이 지나면서 스스로 드러날 것이다. 우리는 사이버공간의 경계를 향해 떠나는 기약 없는 여행에 자원한 최초의 우주비행사들과 다를 바 없다. 이러한 낯선 영역에는 새로운 규칙이 적용된다. 8.5인치×11인치 용지 크기 문서의 100퍼센트가 5.5인치×8인치이다. 그리고 포스터와 우표는 크기로는 구별할 수 없다. 디지털은 놀랍고, 우리에게 힘을 주고, 미래에 대한 기대를 불러일으키지만, 우리는 아직 디지털과 함께하기가 편치만은 않다. 물리학 법칙이 똑같은 방식으로 적용되지 않는 것처럼 보이고, 이러한 비물질적인 세상에서 우리와 형태와 스케일이 맺는 관계는 여전히 진화하고 있다.

지금까지 확연히 드러난 것처럼 스케일은 사물을 측정하는 도구 이상이다. 스케일을 더 잘 이해하기 위해서 우리는 스케일의 내부 작동을 깊이 들여다봐야 했다. 그곳에서 새로운 논리에 대한 감을 잡으려고 한 것이다. 우리가 겪고 있는 비물질적인 엉킴이 곧바로 사라지지는 않을 것이다. 이제 이러한 엉킴을 풀 수 있는 프레임워크이자 가능성에 대한 새로운 감각을 표현하는 도구라는 스케일의 본질을 더 명확히 알 수 있길 바란다.

세상을 재현하는 방법의 한계

우리가 세상을 재현representation하는 방법이 세상을 모두 반영하는 것은 아니기에, 우리가 구축한 디지털 환경 역시 언제나 정밀하다고 할 수는 없다. 사진은 물론이고 회화, 도면, 그리고 지도마저도 기묘한 방법을 동원하여 우리를 소형화된 세상으로 끌어들이고 그들이 벌이는 속임수를 눈감아달라고 부탁한다. 영어로 번역했을 때 불과 155단어밖에 안 되는 단편 소설 〈과학적 정밀함에 대하여Del rigor en la ciencia〉에서 보르헤스는 인간의 재현 및 지식체계에 내장된 스케일 패러독스를 생각해낸다. 보르헤스의 많은 작품이 그러하듯, 이 작품도 마치 도서관의 먼지 쌓인 고서 사이에 눌려 있다가 발견된 출처가 불분명한 이야기 조각인 것처럼, 우리의 관심을 끈다. 보르헤스는 그러한 체험을 극대화하기 위해 생략을 의미하는 말줄임표로 이야기를 시작한다. 마치 이야기의 중간부터 우연히 보게 된 것처럼.

> ……그 제국에서 지도학은 너무도 완벽한 나머지 한 지역이 한 도시 전체만 하고, 제국의 지도는 한 지역 전체만 했다. 이윽고 이런 터무니없는 지도들로도 만족을 못하여, 지도 제작자 길드는 각 지점이 하나하나 대응하는 제국만 한 제국 지도를 만든다. 지도 제작 연구에 선조들만큼 큰 열정이 없었던 후세들은 이 거대한 지도가 쓸모없다고 생각했고, 무지막지하다고 아니할 수 없게 그 지도를 태양과 겨울의 혹독함에 내맡

겨버렸다. 서부의 사막에는 오늘날까지도 넝마가 된 이 지도가 남아 있어 동물들과 거지들의 소굴이 되었다. 그 땅 어느 곳에도 지리학 분과의 다른 유물은 없다.

— 수아레즈 미란다, 〈현명한 남자들의 여행〉, 제4권, 45장, 레리다, 1658[2]

겉으로만 보면 〈현명한 남자들의 여행Viaje de varones prudentes〉이라는 작품의 일부처럼 보이는 간결하고 시적인 이 단편은, 세상을 진정으로 이해하려는 우리의 꿈을 조각내며 상당히 다양한 영역의 개념을 다루고 있다.

보르헤스는 지도 우화를 이용하여 우리의 재현 형식들이 우리의 경험에 완전하게 부합할 수 있다는 개념을 뒤집는다. 문학, 영화, 회화, 시, 음악, 춤 등 어떤 형식이든 모두 경험에 대한 근삿값이거나 축소된 추상이다. 이들은 인생을 하나하나 포착하지는 않으며, 그렇게 할 수도 없다. 그렇게 하는 것은 제국의 지도 제작자들과 마찬가지로 오만한 행동이다. 케이시 셉Casey Cep은 이렇게 말했다. "제국의 지도는, 문학으로 치자면, 이 세상 모든 사람의 전기, 혹은 매일 매분 매초를 다룬 소설이 될 것이다. 문학은 지도와 같아서 선택과 축소를 통해 힘을 얻는다."[3]

재현은 바꿔 말하자면 현실에 대한 일종의 스케일 모델로 기능한다. 현실의 특성을 공유하고, 외양과 느낌도 비슷하지만, 절대 현실을 완전하게 대신할 수는 없다. 그러한 재현이 현실과 어느 정도 차이가 나는지, 그리고 모형이나 미니어처는 언제나 결핍이 존재할 수 밖에 없다는 것을 인정할 때, 아름다움이나 심지어 휴머니티마저도 나타날지 모른다. 어떤 것 자체와 그것의 재현 사이에는 가능성의 마법, 인간 경험의 세계가 존재한다.

인간의 경험과 스케일이 분리된 세계

그렇다면 우리는 모두 사막도 없는 지도에서 길을 잃은 것일까? 영토보다 지도가 커진 것일까? 소설에 나오는 우리의 "서부의 사막"은 부드러운 모래 때문에 기반이 단단하지 않다. 뜨거운 모래에서 열기가 피어올라 시야가 흐려진다. 오아시스는 언제나 신기루일 뿐이다. 표지나 이정표 없이 완만하고 특징 없는 곳에 있으면 형태와 배경이 합쳐지면서 길을 잃은 기분이 든다. 매크리스털 장군의 작전 지도는 분명히 전투에 사용하기에는 정도가 지나친 것이었다. 우리가 이해하는 세상은, 언어학 용어를 빌리자면, 기표 위에 세워진 기표로 이루어져 있다. 또는 신화에서 유래한 은유적 표현에 기댄다면, 거북이 받치고 있는 거북 위로 또 거북이 세상을 받치고 있다. 이러한 이유로 스케일은 다루기가 너무나도 위험한 구조물이다. 스케일은 우리가 세상을 알게 된 바로 그 길의 중심에 있다. 하지만 다가가기도 쉽지 않고 그렇기 때문에 쉽게 논쟁을 벌이기도 어렵다.

스케일은 측정을 위한 도구부터 행동을 위한 프레임워크까지, 시스템의 놀라운 변화를 위한 촉매제부터 형태를 배경에 고정하는 수단까지, 그리고 재현의 중심을 파고드는 도발의 원천으로 변신한다.

기술과 네트워크의 변화가 스케일과 측정을 인간의 경험에서 분리하고 있다면, 그리고 디지털 네트워크 전반에서 인간의 경험을 왜곡하고 있다면 우리는 어떻게 적응할까? 우리가 인지할 수 있는 20세기 초 기계적인 복잡성이 진화하여 혼란스러운 네트워크와 정보 흐름의 생태계가 되었다. 이것은 신기술 반대자들처럼 우리가 쌓아 올린 얽히고설킨 세상에 등을 돌려야 한다는 뜻은 아니다. 또한 더 단순했던 시절을 슬프게 추억하는 것 역시 아니다.

초기 그래픽 유저 인터페이스 시절에 디자이너 빌 게이버Bill Gaver는 애플 컴퓨터에 적용할 파일 크기에 따라 소리의 '무게'가 달라지는 오디오 인터페이스인 소닉파인더SonicFinder를 만들었다.[4] 개념은 간단해서, 사용자가 크기가 작은 파일을 선택하면 고음이 들렸고, 큰 파일일 경우에는 저음이 들렸다. 이 인터페이스는 드라이브나 디스크에 남은 저장용량에 따라 음높이가 다르게 반응하기도 했다. 이 방법이 선택되지는 않았다는 것이 흥미로운 이유는 스케일이 어떻게 인터페이스에서 배제됐는지 보여주기 때문이다. 왜 1메가바이트 파일이 1기가바이트 파일과 시각적인 크기나 인지적인 '무게'가 다르지 않을까? 우리는 스케일에 주의를 기울이지 않아 중요한 감각 능력을 잃어가고 있다.

최초의 컴퓨터 입력장치는 펀치 카드였다. 그때부터 명령줄은 프로그래머들이 컴퓨터 프로세서가 어떤 작업을 할 것인지 통제하는 주요 수단이 되었다. 명령줄 인터페이스에서 그래픽 유저 인터페이스로 진화한 것은 현대의 컴퓨터를 대중의 손가락 앞으로 옮겨놓은 엄청난 패러다임의 전환이었다. 파일과 데스크톱, 휴지통의 시각적 은유는 외계어 같았던 스크립트와 명령어를 우리에게 익숙한 도구를 모방한 드래그앤드드롭drag-and-drop 환경으로 바꿔놓았다. 이러한 인터페이스와 공간을 만든 사람들은 대개 물리학 법칙을 따르지만, 늘 그렇지는 않다. 이제 우리가 가상현실, 증강현실, 혼합현실을 향해 달려가면서 비물리적 얽힘 속에 인체와 인체의 행동유도성affordance을 다시 심어줄 새로운 가능성이 생길 것이다.

이것이 디지털 영역에서 우리의 경험을 익숙한 사물과 연결시키는 양식적인 기술(가죽 장식을 한 디지털 달력이나 금속성의 사면과 그림자 효과가 들어간 볼록한 버튼)인 스큐어모픽skeuomorphic 인터페이스의 귀환이 되어서는 안 될 것이다. 그보다는, 우리의 눈과 귀, 손가락 이상의 무언가를 이용한 정보 수집과 처리 방법을 찾아야 한다는 깨달음이 되어야 한다. 그리고 우리가 생각하고 행동하는 능력에 입은 손상을 회복하도록 스케일을 재조정하는 방식에 특별한 관심을 기울여야 한다.

2012년, 이케아의 디자이너 한 명이 폭탄선언을 했다. 이케아 카탈로그에 있는 제품 이미지의 60~75퍼센트가 디지털 기술로만 만들어진 결과물이라는 것이었다. 바꿔 말해, 우리가 아는 것처럼 사진이 아니라 컴퓨터가 생성한 극사실주의적 시뮬레이션이라는 것이다. 여기서 우리는 다시 한번 더 이상 우리의 감각을 믿지 않는 쪽으로 돌아서지만, 이러한 교묘한 덫에 또 빠져들고 말 것이다. 언론인 마크 윌슨Mark Wilson은 이케아의 마법을 이런 식으로 설명했다. "본질적으로 이케아는 현실 세계의 스케일에서 디지털 가구를 만들고 있다."[5] "현실 세계의 스케일에서 디지털 가구"라는 모순된 표현은 우리가 사는 현재의 기이함을 제대로 포착해 보여준다.

스케일, 불확실성을 탐험하는 최선의 전략

스케일을 통해 사고하는 것은 우리가 새로운 세계를 탐색하면서 형태(인체 및 감각)와의 깊은 관련성을 재확인하는 하나의 수단이다. 아리스토텔레스의 용어로는 윤리 또는 지혜를 적절하게 실천하는 하나의 방법이다.[6] 스케일을 통한 사고는 매듭을 푸는 한 가지 방법이자, 형태를 디지털 배경에 그리고 시민을 환경과 재결합시키는 것이다. 컴퓨팅 초기에 프로그래머가 인체를 뜻하는 용어로 자주 사용한 것은 'meat(고기)'였다. 새로운 지각 환경과 인체의 관계는 이렇게 축소되었던 것이다. 우리가 재설계해야 하는 것은 '존재', 혹은 디지털 및 물리적 지식의 공간 모두에서 더욱 온전하게 살아갈 능력이다. 우리가 아직 파악도 하지 못한 방식이겠지만 말이다.

스케일을 통한 사고는 우리의 디지털 배경에 우리의 몸과 사회적 자아를 좀 더 효과적이고 창의적인 방법으로 다시 연결시킴으로써, 우리 자신의 존재를 재조율해야 한다는 것을 볼 수 있게 도와준다. 오바디케 부부는 데이터를 이용하여 인간의 삶을 다시 데이터에 불어넣어 기계가 어떻게 폭력과 인종차별을 조장하는지 이해하게 해준다. 한스 몬데르만은 인체를 자동차와 같은 길 위에 올려놓고 교차로의 혼돈에 정면으로 마주한다. 그러고는 우리로 하여금 함께 성공하는 방법을 찾는 모험을 하게 한다.

스케일을 통해 지혜를 실천으로 옮기는 시도에서 나는 육체와 감각, 그리고 비물질적이고 엉켜 있는 배경을 봉합하는 전략을 제안했다. 데이비드 맥캔들리스나 카라 워커처럼, 우리는 이미지와 스토리를 이용하여 정량적 추상화와 그 어느 때보다 큰 데이터로 향하는 비인간적인 추세에 대응할 수 있다. 찰스 임스와 레이 임스 부부의 도움으로, 우리는 복잡성에 직면했을 때 나타나는 무기력함을 줄이고, 첫눈에 보이지 않더라도 우리에게는 진정한 대안이 있다는 것을 깨닫게 해주는 스케일 윤리학을 개발할 수 있다. 오픈 소스 공동체에서 영감을 받아 우리는 소수의 편협한 전문지식이 아니라 다수의 통찰과 경험을 이용하는 스캐폴딩을 설계할 수 있다. 하지만 가장 중요한 것은, 직면한 혼돈을 통제하고 물리치려는 충동을 자제하고, 조율과 대화, 피드백, 대응의 동적인 관계 속에서 복잡계를 받아들이는 법을 배우는 것이다.

인간이 만든 마법, 기적, 그리고 보이지 않는 모든 것이 언제나 우리를 둘러싸고 있다. 어느 순간이나 우리 주변에는 라디오, 휴대폰, 와이파이 네트워크에서 나오는 활동적인 파장이 가득하지만(오랜 친구인 전기는 말할 것도 없다), 우리는 있는지조차 알지 못한다. 이것들은 손쉽게 그리고 기적적으로 우리가 사는 환경에 생명을 불어넣어주지만, 우리는 여전히 우리의 두뇌와 기후에 미치는 그 영향력을 완전히 이해하지 못하고 있을지도 모른다. 아마도 미래에는 우리의 감각기관이 진화하거나 확장하여 새로운 지평을 열 수도 있을 것이다. 우리는 마침내 데이터를 흡수하고, 네트워크의 수상한 냄새를 맡고, 복잡성을 통해 더 깊은 진리를 마주 보게 될지도 모른다.

스케일의 놀라운 속성은 기기를 능가하고 우리를 불안하게 할 수 있다. 복잡성처럼, 스케일은 특징, 특이성, 패턴이 있다. 전복적이고, 파괴적이며, 우리를 놀라게 한다. 전자공학 이전의 시대에는 우리의 몸이 상대적으로 예측 가능한 방식으로 세상과 잘 어울렸다. 이제는 아니다. 산업 시대에서 정보 시대로, 원자 시대에서 비트 시대로 진화하면서, 그리고 복잡해진 네트워크에서 나타나는 당혹스러운 결과들이 더해지면서 오래된 지도가 무용지물이 되는 식으로 우리의 능력은 재조정되었다. 존재를 재구성하기 위한 앞선 전략들은 안개 속에서 길을 찾는 데 도움이 될 수도 있다. 해답은 아니지만 스케일을 통해 다르게 생각하는 접근법이다. 우리가 스케일과 스케일의 경향에 적응한다면 훨씬 미세하게 조정할 수 있을 것이다. 우리는 스케일의 예상치 못한 변화까지 다 파악할 수는 없지만, 그러한 변화를 잘 수용하고, 가능성을 재창조하기 위해 불안정한 논리까지 전략에 포함시킬 것이다.

| 감사의 말 |

이 책은 이루 다 언급하거나 감사를 표하거나 기억하기 어려울 만큼 많은 사람의 친절하고 현명하고 관대한 도움 덕분에 나올 수 있었다. 또한 수많았던 부수적인 대화들, 즉흥적 의견들, 호기심 어린 질문들이 나를 스케일과 일상 경험에 대해 생각하는 방법을 탐구하도록 이끌어주었기에 나올 수 있었다.

잊을 수 없는 통찰력과 지속적인 멘토링와 우정으로 저를 변화시켜준 사람들에게 감사를 표한다. 파올라 안토넬리, 에디비드 콤버그, 토니 던, 피오나 라비, 엔시니 귀도, 조지 마커스, 팀 마셜, 마이크 맥코이와 캐서린 맥코이, 조너스 밀더, 위대한 고故 빌 모그리지, 제인 니셀슨, 브루스 누스바움, 안나 발토넨은 열정적이고 한결같은 방식으로 가능성에 대한 나의 지평을 넓혀주었다. 나 스스로 적합할지 알기도 전에 나를 디자인업계로 이끌어준 터커 비마이스터도 마찬가지다.

또한 내가 형용할 수 없을 만큼 많은 빚을 진 오랜 친구들, 진 빈센트 블랜처드, 크리스토프 콕스, 브루스 그랜트, 마고 글라스, 댄 로젠버그, 늘 그리운 활기와 유머를 가진 세라 버돈이 있어 행운이라고 생각한다.

내 직업적인 삶의 무수한 순간들에 이 모험을 더 재미있고 빛나게 만들어준 멋진 동료들, 패티 번, 라제시 빌리모리아, 아이세 비르셀, 앤드루 블로벨트, 론 버넷, 헤더 채플린, 클라이브 딜노트, 칼 디살보, 프레드 더스트, 리사 그로콧, 힐러리 제이, 내털리 제레메이엔코, 콜린 맥클린, 앨리슨 미어스, 미오드라그 미트라시노빅, 제인 피론, 휴 래플스, 어맨다 라모스, 매이던 라티남, 요한 레드스트럼, 루팔 상비, 라디카 수브라마니암, 조엘 타워스, 래티시아 울프, 수전 옐라비치에게 고맙다.

20년 넘게 나는 모방 불가의 마이크 맥코이와 캐서린 맥코이가 주최하고 로키산맥에서 열리는 매혹적인 여름 디자인 대담회에 참여하는 특권을 누렸다. 하이 그라운드 디자인 컨버세이션High Ground Design Conversation은 내가 커뮤니티의 일부가 될 기회를 주었을 뿐 아니라, 항상 개방적이고 따뜻한 시선으로 비판적이며 적절한 비율로 적절하게 신랄한 활기 넘치는 동료들에게 내 새로운 아이디어를 선보일 수 있는 드문 기회도 주었다. 이름을 다 적기에는 너무 많지만, 그들은 자신들을 말하는 것임을 알 것이다.

가르치는 일은 스릴이 넘치는데, 특히 내가 세운 가정을 파고들어 더 멀리 생각하게 만들어주는 밝고 창의적인 사람들과 함께할 수 있기 때문이다. 이 책을 비롯하여 내가 쓴 글들의 많은 부분은 필라델피아 예술 대학교 산업 디자인 석사 프로그램과 파슨스 초학제 디자인 프로그램의 (수백 명에 이르는) 학생들과 나눈 까다롭고 흥미로운 대화의 직접적인 결과물이다.

책을 쓸 시간과 공간이 있다는 것은 특권이다. 이 책이 된 원고를 쓸 수 있었던 안식 기간을 준 뉴스쿨에게 고맙다. 이 책을 쓰는 것보다 그 제안서를 쓰는 데 시간이 더 걸렸다. 앤드루 블룸과 휴 래플스가 없었다면 그 과정을 통과하지 못했을 것이다. 둘은 제안서를 어떻게 써야 할지 몰랐던 내게 자신들의 제안서를 공유해주었다. 시몬 아후자는 느닷없이 연락한 내게 이제는 나의 에이전트이기도 한 그녀의 에이전트를 소개해주었다. 그 놀라운 친절함에 계속 보답하고 싶다. 바로 그 훌륭한 에이전트인 브리짓 마치에는 내 제안서가 출판사에 보여주기에 충분해질 때까지 나를 포기하지도 타협하지도 않게 했다. 그 과정에서 운 좋게 만난 그랜드센트럴퍼블리싱의 편집지 그레첸 영이 절묘하게 균형을 이룬 대단한 열징과 통찰력 있는 피드백으로 이 책의 모습을 가다듬어주었다. 거친 문장과 논리의 비약이 있다면, 그것은 오직 나의 탓이다. 그랜드센트럴의 에밀리 고스먼, 밥 카스티요, 헤일리 위버, 앨버트 탕은 이 책이 결승선에 도달하는 과정에서 중요한 순간들에 대단히 많은 도움을 주었다. 그들

덕분에 더 좋은 결과물을 얻었다. 많은 이미지를 사용하는 데 필요한 허가를 얻을 수 있도록 세상을 샅샅이 뒤져준 용감한 연구조교 라이언 웨스트팔에게도 고맙다.

나는 스물다섯이 넘는 대가족의 일원으로, 내 모든 행동에서 형제자매들의 모습을 발견하곤 한다. 여기에는 결혼을 통해 가족이 된 밀러드 롱과 잰시스 롱도 포함되는데, 그들의 적극적인 관심과 질문은 언제나 나를 생각하게 만들었다. 나의 호기심을 키워주고 변덕스럽고 때로는 무모하기까지 한 관심사를 언제나 지원해주신 신시아 헌트와 제임스 헌트, 내 부모님께 가장 큰 감사의 빚을 졌다. 어머니가 여전히 함께 있어 이 책 출간에 미소 짓는 모습을 볼 수 있었다면 좋았을 것이다. 나의 경이로운 아이들, 펠릭스와 아이비는 매우 다른 방식으로 내게 영감을 준다. 호기심 많고, 창의적이고, 두려움 없고, 재능 있으며, 똑똑하고, 바르며, 재밌고, 무엇보다 내가 말한 대부분의 것에 심드렁하다. 나만큼 운 좋은 부모도 없으리라. 그리고 마침내 빛나고 반짝거리고 대담한 별, 주디스를 말할 때가 되었다. 그녀의 사랑과 지원과 도움 없이는 이 책은 나올 수 없었다. 그 모든 것을 되돌려줄 수 있길 바랄 뿐이다.

| 미주 |

서문

1 Cal Newport, "Is Email Making Professors Stupid?" *Chronicle Review*, February 12, 2019, https://www.chronicle.com/interactives/is-email-making-professors-stupid.

2 Michael M. Grynbaum, "Even Reusable Bags Carry Environmental Risk," *New York Times*, November 14, 2010.

3 Dale Russakoff, "Schooled: Cory Booker, Chris Christie, and Mark Zuckerberg Had a Plan to Reform Newark's Schools. They Got an Education," *New Yorker*, May 19, 2014.

4 Michel Foucault, *The Order of Things: An Archaeology of the Human Sciences* (New York: Vintage Books, 1970), xv.

1부 스케일 감각 회복

1장

1 *This Is Spinal Tap*, directed by Rob Reiner, USA: Embassy Pictures, 1984.

2 Jim Dykstra, "What's the Meaning of IBU?" in *The Beer Connoisseur*, February 12, 2015, https://beerconnoisseur.com/articles/whats-meaning- ibu.

3 "What is the Scoville Scale?" Pepper Scale, https://www.pepperscale.com/what-is-the-scovillescale/ (accessed December 17, 2018).

4 Sarah Lyall, "Missing Micrograms Set a Standard on Edge," *New York Times*, February 12, 2011, https://www.nytimes.com/2011/02/13/world/europe/13kilogram.html.

5 Quoted in Robert P. Crease, *World in the Balance: The Historic Quest for an Absolute System of Measurement* (New York: W. W. Norton, 2011), 131.

6 Crease, *World in the Balance*, 119.

7 Bureau International des Poids et Mesures, *The International System of Units*, 8th ed. (Paris: Stedi Media, 2006), 112~16.

8 이 책의 원고를 쓰고 있을 때, 2018년 11월 16일 국제도량형총회는 1세기가 넘는 역사를 뒤로 하고 백금-이리듐 킬로그램 원기의 은퇴를 알렸다. 이후 2019년 5월 20일, 이를 대체하는 보편적 물량 표준에 의한 킬로그램이 공식적으로 다음과 같이 재정의되었다. "킬로그램은 기호는 kg으로, 질량의 국제단위계이다. 킬로그램은 플랑크 상수 h를 J s 단위로 나타낼 때 $6.62607015 \times 10^{-34}$이 되도록 정의된다. 여기서 J s는 kg m^2 s^{-1}과 같은 단위이며 m(미터)와 s(초)는 c와 $\Delta\nu Cs$로 정의된다." Brian Resnick, "The World Just Redefined the Kilogram," Vox, November 16, 2018, https://www.vox.com/science-and-health/2018/11/14/18072368/kilogram-kibble-redefine-weight-science.

9 Crease, *World in the Balance*, 38.

10 "Member States," Bureau International des Poids et Mesures, http://www.bipm.org/en/about-us/member-states/ (accessed December 17, 2018).

11 Crease, *World in the Balance*, 96.

12 Bureau International des Poids et Mesures, *S.I.*, 112.

13 Crease, *World in the Balance*, 223.

14 Kern Precision Scales, "The Gnome Experiment," http://gnome-experiment.com (accessed May 1, 2019).

15 J. C. R. Hunt, "A General Introduction to the Life and Work of L. F. Richardson," in Oliver M. Ashford, H. Charnock, P. G. Drazin, J. C. R. Hunt, P. Smoker, and Ian Sutherland, eds., *The Collected Papers of Lewis Fry Richardson*, vol. 1, *Meteorology and Numerical Analysis*, gen. ed. P. G. Drazin (Cambridge: Cambridge University Press, 1993), 8.

16 제프리 웨스트Geoffrey West는 물리적인 척도에 관한 그의 주요 저서에서 이렇게 말했다. "일반적으로 측정치를 구할 때 사용한 해상도의 스케일을 언급하지 않고 측정치를 인용하는 것은 무의미하다." Geoffrey West, *Scale: The Universal Laws of Growth, Innovation, Sustainability, and the Pace of Life in Organisms, Cities, Economies, and Companies* (New York: Penguin Press, 2017), 140.

17 "International Atomic Time (TAI)," Bureau International des Poids et Mesures, https://www.bipm.org/en/bipm-services/timescales/tai.html (accessed March 30, 2019).

18 "Insertion of a Leap Second at the End of December 2016," Bureau International des Poids et Mesures, https://www.bipm.org/en/bipm-services/timescales/leap-second.html (accessed March 30, 2019).

19 Luke Mastin, "Time Standards," Exactly What Is··· Time? http://www.exactlywhatistime.com/measurement-of-time/time-standards/ (accessedMarch 30, 2019).

2장

1 Walter Benjamin, "On Some Motifs in Baudelaire," in *Illuminations: Essays and Reflections*, ed. Hannah Arendt, trans. Harry Zohn (New York: Schocken Books, 1969), 175.

2 Elizabeth Blair, "Some Artists Are Seeing Red over a New 'Black,' "NPR, March 3, 2016, http://www.npr.org/sections/thetwo-way/2016/03/03/469082803/some-artists-are-seeing-red-over-a-new-black.

3 "FAQs," Surrey NanoSystems, http://www.surreynanosystems.com/vantablack/faqs (accessed March 8, 2016).

4 "FAQs," Surrey NanoSystems.

5 "How Black Can Black Be?" BBC News, September 23, 2014, http://www.bbc.com/news/entertainment-arts-29326916.

6 "Nielsen: "Nearly Half of All Available Time Now Spent with Media," Insideradio.com, December 12, 2018, http://www.insideradio.com/free/nielsen-nearly-half-of-all-available-time-now-spent-with/article_7b988596- fddd-11e8-a4ec-9795e181ae0d.html.

3장

1 F. W. Went, "The Size of Man," *American Scientist* 56, no. 4 (Winter 1968): 409.

2 Went, "Size of Man," 407.

3 Molly Webster, "Goo and You," *Radiolab*, Podcast audio, January 17, 2014, http://www.radiolab.org/story/black-box/.

4 Douglas Blackiston, Elena Silva Casey, and Martha Weiss, "Retention of Memory

through Metamorphosis: Can a Moth Remember What It Learned As a Caterpillar?" in PLOS|ONE (March 05, 2008), DOI:10.1371/journal.pone.0001736.

5 Jim Al-Khalili and Johnjoe McFadden, "You're Powered by Quantum Mechanics, No Really…," *Guardian*, October 25, 2014, http://www.theguardian.com/science/2014/oct/26/youre-powered-by-quantum-mechanics-biology.

6 Toncang Li and Zhang-Qi Yin, "Quantum Superposition, Entanglement, and State Teleportation of a Microorganism on an Electromechanical Oscillator," Cornell University, September 12, 2015, updated January 9, 2016, arXiv:1509.03763 [quant-ph].

7 Chris Anderson. *Free: How Today's Smartest Businesses Profit by Giving Something for Nothing* (New York: Hyperion, 2009), 12.

8 Anderson, *Free*, 52.

9 Anderson, *Free*, 154.

10 Anderson, *Free*, 128.

11 Anderson, *Free*, 161.

12 Carolyn Kellogg, "Chris Anderson's almost-'Free,' Kindle Price Drop and More Book News," *Los Angeles Times*, July 9, 2009, http://latimesblogs.latimes.com/jacketcopy/2009/07/chris-andersons-almost-free-and-more-book-news.html.

13 이러한 스케일 변화가 가져온 경제적 혼란과 함께, 크리스 앤더슨이 공짜와 자유에 대한 전문서적을 출간할 때 의도치 않은 스캔들에 연루되었다는 사실은 지적하는 것이 좋을 것 같다. 월도 재퀴스Waldo Jaquith는 〈버지니아 쿼털리 리뷰〉에 기고한 글에서 앤더슨이 다른 곳도 아닌 위키피디아의 내용을 표절했다고 비난했다. 앤더슨은 즉시 자신과 출판사 측이 사용했던 인용 형식의 기술적인 오류일 뿐이라고 주장하며, 부적절한 인용이 있었다는 사실을 시인했다. 그가 표절에 대한 책임이 자신에게 있다고 인정했지만, 이러한 역설적인 상황은 사람들의 마음을 씁쓸하게 했다. 분명한 것은, 불법복제자에게 적은 무명으로 남는 것이 아니라, 인터넷의 밝은 불빛이다. Ryan Chittum, "LA Times Soft-Pedals Wired Edi- tor's Plagiarism," *Columbia Journalism Review*, June 29, 2009, http://www.cjr.org/the_audit/lat_softpedals_wired_editors_p.php?signup=1&signup-main=1&signup-audit=1&input-name=&input-email=&page=1.

14 Kevin Kelleher, "Amazon's Secret Weapon Is Making Money Like Crazy," *Time*, October

23, 2015, http://time.com/4084897/amazon-amzn-aws/.

15 Alex Hern, "Fitness Tracking App Strava Gives Away Location of Secret US Army Bases," *Guardian*, January 28, 2018, https://www.theguardian.com/world/2018/jan/28/fitness-tracking-app-gives-away-location-of-secret-us-army-bases.

16 Vera Bergengruen, "Foursquare, Pokémon Go, And Now Fitbit—TheUS Military's Struggle With Popular Apps Is Not New," Buzzfeed.news,January29, 2018, https://www.buzzfeednews.com/article/verabergengruen/foursquare-pokemon-go-and-now-fitbits-the-us-militarys.

17 Doug Laney, "3D Data Management: Controlling Data Volume, Velocity,and Variety," Meta Group report, February 6, 2001, https://studylib.net/doc/8647594/3d-data-management--controlling-data-volume--velocity--an … (accessed June 24, 2019).

18 John Gantz and David Reinsel, "Extracting Value from Chaos," in IDCiView (Sponsored by EMC Corporation), June 2011, 1~12.

19 Jennifer Dutcher, "What is Big Data?" datascience@Berkeley, Berkeley School of Information, September 3, 2014, available at https://gijn.org/2014/09/09/what-is-big-data/.

20 Gantz and Reinsel, "Extracting Value," 7.

4장

1 Jameel Jaffer, "Artist Trevor Paglen Talks to Jameel Jaffer About the Aesthetics of NSA Surveillance," ACLU, September 24, 2015, https://www.aclu.org/blog/speak-freely/artist-trevor-paglen-talks-jameel-jaffer-about- aesthetics-nsa-surveillance.

2 Manoush Zomorodi and Alex Goldmark, "Eye in the Sky," *RadioLab*, podcast audio, June 18, 2015, http://www.radiolab.org/story/eye-sky/.

3 "Angel Fire," GlobalSecurity.org, http://www.globalsecurity.org/intell/systems/angel-fire.htm (accessed July 21, 2016).

4 Zomorodi and Goldmark, "Eye in the Sky."

5 Max Goncharov, "Russian Underground 101," Trend Micro Incorporated Research Paper, 2012, 12.

6 "Digital Attack Map," http://www.digitalattackmap.com (accessed December 2, 2015).

7 Igal Zeifman, "Q2 2015 Global DDoS Threat Landscape: AssaultsResemble Advanced Persistent Threats," Blog, Incapsula, July 9, 2015, https://www.incapsula.com/blog/ddos-global-threat-landscape-report-q2-2015.html.

8 Emil Protalinski, "15-Year-OldArrested for Hacking 259 Companies,"ZDNet, April 17, 2012, http://www.zdnet.com/article/15-year-old-arrested-for-hacking-259-companies/.

9 Associated Press and MSNBC Staff, "Teen Held over Cyber AttacksTargeting US Government," Security on NBCnews.com, June 8, 2011, http://www.nbcnews.com/id/43322692/ns/technology_and_science-security/t/teen-held-over-cyber-attacks-targeting-us-government/#.VoqeOIRQh-P.

10 Mark Scott, "Teenager in Northern Ireland Is Arrested in TalkTalk Hacking Case," *New York Times*, October 27, 2015, http//www.nytimes.com/2015/10/28/technology/talktalk-hacking-arrest-northern-ireland.html?_r=0.

11 Chris Pollard, "The Boy Hackers: Teenagers Accessed the CIA, USAF,NHS, Sony, Nintendo ··· and the Sun," *Sun*, June 25, 2012, https://www.thesun.co.uk/archives/news/712991/the-boy-hackers/.

12 Samuel Gibbs and Agencies, "Six Bailed Teenagers Accused of Cyber Attacks Using Lizard Squad Tool," *Guardian*, August 28, 2015, http://www.theguardian.com/technology/2015/aug/28/teenagers-arrested-cyber-attacks-lizard-squad-stresser.

13 Kim Zetter, "Teen Who Hacked CIA Director's Email Tells How He Did It," *Wired*, October 19, 2015, http://www.wired.com/2015/10/hacker-who- broke-into-cia-director-john-brennan-email-tells-how-he-did-it/.

14 Nicole Perlroth, "Online Attacks on Infrastructure Are Increasing at a Worrying Pace," Bits (blog), *New York Times*, October 14, 2015, https://bits.blogs.nytimes.com/2015/10/14/online-attacks-on-infrastructure-are-increasing-at-a-worrying-pace/.

15 Perlroth, "Online Attacks."

16 John Arquilla and David Ronfeldt, "The Advent of Netwar (Revisited)," in John Arquilla and David Ronfeldt, eds., *Networks and Netwars: The Future of Terror, Crime, and Militancy* (Santa Monica, CA: Rand Corporation, 2001), 6-7.

17 윤소영과 그녀의 예리한 글 덕분에 오바디케 부부의 작품에 관심을 가지게 되었다. "Do a Number: The Facticity of the Voice, or Reading Stop-and-FriskData," *Discourse:*

Journal for Theoretical Studies in Media and Culture 39, no. 3 (2017).

18 Mendi and Keith Obadike, "Numbers Station 1 [Furtive Movements]—Excerpt," filmed at the Ryan Lee Gallery, 2015, video, 2:47, YouTube, https://www.youtube.com/watch?v=PuLzv53gM_o (accessed November 14, 2018).

2부 스케일 전략

5장

1 "Long and Short Scales," Wikipedia, https://en.wikipedia.org/wiki/Long_and_short_scales (accessed November 10, 2015).

2 2014년 기술 작가이자 〈와이어드〉의 공동창업자인 케빈 켈리Kevin Kelly는 트위터에 다음과 같은 메시지를 게시했다. "헷갈리는 게 당연하다. 빌리언은 빌리언이 아니고, 쿼드릴리언은 쿼드릴리언이 아니다. 사는 곳에 따라 다르다. 해결책은?" 트위터, 2014년 11월 20일. https://twitter.com/kevin2kelly/status/535526708552945664.

3 "Long and Short Scales."

4 "Indian Numbering System," Wikipedia, https://en.wikipedia.org/wiki/Indian_numbering_system (accessed November 10, 2015).

5 Tom Geoghegan, "Is Trillion the New Billion?" *BBC News Magazine*, October 28, 2011, http://www.bbc.com/news/magazine-15478580.

6 데이비드 맥캔들리스는 현재 우리가 수조 달러 단위로 여기는 것들을 '정보는 아름답다'라는 인상적인 웹사이트에 시각화해놓았다.

7 Geoghegan, "Is Trillion the New Billion?"

8 감정이 고조되기 위한 두 가지 중요한 열쇠는 이미지와 주목이다. 폴 슬로빅Paul Slovic은 〈정신적 무감각과 집단 학살Psychic Numbing and Genocide〉에서 "경험 체계에서 얼마나 영향력을 가지는가 하는 문제의 기저에는 긍정적인 감정이나 부정적인 감정이 수반되는 이미지가 깔려 있다. 이러한 체계에서 이미지는 시각적 이미지뿐만 아니라 말, 소리, 냄새, 기억, 그리고 우리의 상상력의 산물까지 포함한다"고 쓰고 있다. Paul Slovic, "Psychic Numbing and Genocide," American Psychological Association, November 2007, http://www.apa.org/science/about/2007/11/slovic.aspx.

9 총기 난사에 관한 데이터는 총기폭력자료Gun Violence Archive의 "과거 요약 대장Past

Summary Ledger" https://www.gunviolencearchive.org/past-tolls 참조(2019년 5월 4일 조회), 미국의 선거 지출 자료는 OpenSecrets.org의 https://www.opensecrets.org/overview/cost.php 참조(2019년 5월 4일 조회).

10 David McCandless, "The Billion Dollar-o-Gram 2013," Information Is Beautiful, http://informationisbeautiful.net/visualizations/billion-dollar-o-gram-2013/ (accessed December 9, 2015).

11 민디 풀릴러브Mindy Fullilove 덕분에 "400년 간의 불평등"이라는 프레임에 관심을 가지게 되었다. 그녀의 문제의식은 이곳에서 볼 수 있다. http://www.400yearsofinequality.org.

12 Tatiana Schlossberg, "Japan Is Obsessed with Climate Change. Young People Don't Get It," *New York Times*, December 5, 2016, https://www.nytimes.com/2016/12/05/science/japan-global-warming.html.

13 Hendrik Hertzberg, *One Million* (New York: Abrams, 2009), x.

6장

1 Astronaut photograph AS17-148-22727 courtesy NASA Johnson Space Center Gateway to Astronaut Photography of Earth, https://eol.jsc.nasa.gov/SearchPhotos/photo.pl?mission=AS17&roll=148&frame=22727.

2 Kees Boeke, *Cosmic View: The Universe in 40 Jumps* (New York: JohnDay, 1957).

3 그러나 이러한 10의 거듭제곱 프레임에서 미묘한 범주 이동이 발생한다. 사회적 단위(개인, 가족, 이웃)에서 지리적 단위(도시, 지역, 국가 등)로 바뀌는 것이다. 이는 우리가 한 도시의 인구를 포함하는 사회적 단위를 떠올리기 어렵기 때문이기도 하다.

4 마이클 폴란Michael Pollan은 그의 저서《욕망하는 식물The Botany of Desire: A Plant's-Eye View of the World(NewYork: Random House, 2001)》에서 네 가지 특정 품종(사과, 튤립, 마리화나, 감자)이 인간의 성향을 이용하여 그것들의 유전적 의제를 발전시켜나가는 방법을 보여주며, 우리가 환경적 위험을 보지 못하고 그것들의 힘을 무시하고 있다는 것을 알게 해준다.

5 "Bicycle Production Reaches 130 Million Units," Worldwatch Institute, http://www.worldwatch.org/node/5462 (accessed February 3, 2016).

6 다음에 나올 예시를 위한 이미지들은 구글맵의 뉴욕시 위성사진이다. Map data

copyright © Google, Maxar Technologies.

7 Donella Meadows, *Thinking in Systems* (White River Junction, VT: Chelsea Green Publishing, 2008), 108.

7장

1 Cade Metz, "Google Is 2 Billion Lines of Code—and It's All in One Place," *Wired*, September 16, 2015, http://www.wired.com/2015/09/google-2-billion-lines-codeand-one-place/.

2 "Linux Kernel Development: Version 4.13," The Linux Foundation, https://www.linuxfoundation.org/2017-linux-kernel-report-landing-page/ (accessed on March 30, 2019).

3 Linus Torvalds, quoted in Steven Weber, *The Success of Open Source* (Cambridge MA: Harvard University Press, 2004), 55.

4 Weber, *Open Source*, 67.

5 Linus Torvalds, quoted in Weber, *Open Source*, 90.

6 "Usage Share of Operating Systems," Wikipedia, last modified December, 19, 2018, https://en.wikipedia.org/wiki/Usage_share_of_operating_systems (accessed December, 21, 2018).

7 Quentin Hardy, "Microsoft Opens Its Corporate Data Software to Linux," *New York Times*, March 7, 2016, https://www.nytimes.com/2016/03/08/technology/microsoft-opens-its-corporate-data-software-to-linux.html.

8 2018년 9월 〈뉴요커〉는 리누스 토르발스가 소프트웨어 개발 과정을 관리하면서 사람들에게 신랄하고 공격적인 발언을 하는 문제 때문에 리눅스 소스 코드에 대한 "선의의 독재자" 역할을 내려놓고자 한다고 보도했다. Noam Cohen, "After Years of Abusive E-mails, the Creator of Linux Steps Aside," *New Yorker*, September 19, 2018, https://www.newyorker.com/science/elements/after-years-of-abusive-e-mails-the-creator-of-linux-steps-aside.

8장

1 Paul Ehrlich and Anne Ehrlich, *The Population Explosion* (New York: Simon & Schuster, 1990), 36~37.

2 John Morthland, "A Plague of Pigs in Texas," Smithsonian.com, January 2011, http://www.smithsonianmag.com/science-nature/a-plague-of-pigs-in-texas-73769069/#Mj1QzdFSOEhxZDVu.99.

3 Kyle Settle, "Virginia Feral Hog Population Becoming a Major Nuisance," Wide Open Spaces, October 2, 2014, http://www.wideopenspaces.com/feral-hog-population-exploding-virginia/.

4 Morthland, "Plague of Pigs."

5 Horst Rittel and Melvin Webber, "Dilemmas in a General Theory of Planning," *Policy Sciences* 4 (1973), 169.

6 Christopher C. M. Kyba et al., "Artificially Lit Surface of Earth at Night Increasing in Radiance and Extent," Science Advances, November 22, 2017, https://advances.sciencemag.org/content/3/11/e1701528.

7 Donella Meadows, *Thinking in Systems* (White River Junction, VT: Chelsea Green Publishing, 2008), 168~9.

8 Meadows, *Systems*, 170.

9 메도즈는 디자인을 강조한다. "시스템은 통제할 수 없지만, 디자인하고 다시 디자인할 수 있다."(Meadows, *Systems*, 169) 리텔과 웨버 역시 비슷한 결과에 이르렀다. "사회 문제는 풀리지 않는다. 계속해서 다시 풀 뿐이다."(Rittel and Webber, "Dilemmas," 160)

10 Tom Vanderbilt, "The Traffic Guru," *Wilson Quarterly*, Summer 2008, http://archive.wilsonquarterly.com/essays/traffic-guru.

11 Vanderbilt, "Traffic Guru."

12 도로 표지판의 수를 관찰해준 조카 앤드루 버빌에게 고맙다.

13 Vanderbilt, "Traffic Guru."

9장

1 George E. P. Box, J. Stuart Hunter, and William G. Hunter, *Statistics for Experimenters: Design, Innovation and Discovery*, 2nd ed. (Hoboken, NJ: Wiley Interscience, 2005), 440.

2 Jorge Luis Borges, "On Exactitude in Science" in *The Aleph and Other Stories*, trans. Andrew Hurley (New York: Penguin, 2000), 181.

3 Casey N. Cep, "The Allure of the Map," *New Yorker*, January 22, 2014.

4 Bill Gaver, "SonicFinder," 2016, video, 2:44, Vimeo, https://vimeo.com/channels/billgaver/158610127. 이 자료를 제공해준 섀넌 매턴Shannon Mattern에게 감사를 표한다.

5 Mark Wilson, "75% of Ikea's Catalog Is Computer Generated Imagery: You Could Have Fooled Us. Wait, Actually, You Did," *Fast Company*, August 29, 2014, https://www.fastcompany.com/3034975/75-of-ikeas-catalog-is-computer-generated-imagery.

6 Jonathan Foote, "Ethos Pathos Logos: Architects and Their Chairs," in *Scale: Imagination, Perception, and Practice in Architecture,* eds. Gerald Adler, Timothy Brittain-Catlin, and Gordana Fontana-Giusti (New York: Routledge, 2012), 160.

스케일이 전복된 세계

초판 1쇄 발행 2021년 7월 21일

지은이 제이머 헌트
옮긴이 홍경탁
발행인 김형보
편집 최윤경, 박민지, 강태영, 이경란
마케팅 이연실, 김사룡, 이하영
디자인 송은비
경영지원 최윤영

발행처 어크로스출판그룹(주)
출판신고 2018년 12월 20일 제 2018-000339호
주소 서울시 마포구 양화로10길 50 마이빌딩 3층
전화 070-4808-0660(편집) 070-8724-5877(영업)
팩스 02-6085-7676
이메일 across@acrossbook.com

ISBN 979-11-6774-000-7 (03400)

만든 사람들
편집 | 이경란
교정교열 | 하선정
표지디자인 | 송은비
본문디자인 | 박은진